全国高职高专规划教材——工学结合教材

机械测量技术

袁周华　主编

中国环境出版社·北京

图书在版编目（CIP）数据

机械测量技术/袁周华主编．—北京：中国环境出版社，2016.3

全国高职高专规划教材．工学结合教材

ISBN 978-7-5111-2601-6

Ⅰ．①机… Ⅱ．①袁… Ⅲ．①技术测量—高等职业教育—教材 Ⅳ．①TG801

中国版本图书馆 CIP 数据核字（2015）第 253688 号

出 版 人 王新程
责任编辑 黄晓燕 侯华华
责任校对 尹 芳
封面设计 宋 瑞

出版发行 中国环境出版社
（100062 北京市东城区广渠门内大街 16 号）
网 址：http://www.cesp.com.cn
电子邮箱：bjgl@cesp.com.cn
联系电话：010-67112765（编辑管理部）
010-67112735（环评与监察图书分社）
发行热线：010-67125803，010-67113405（传真）
印 刷 北京市联华印刷厂
经 销 各地新华书店
版 次 2016 年 3 月第 1 版
印 次 2016 年 3 月第 1 次印刷
开 本 787×960 1/16
印 张 10.5
字 数 200 千字
定 价 19.00 元

编审人员

主　　编　袁周华（南通科技职业学院）

副 主 编　刘长山（南通科技职业学院）

编写人员　曹文成（南通科技职业学院）

邹栋林（南通科技职业学院）

章　浩（南通科技职业学院）

刘　枫（南通科技职业学院）

王　惠（南通科技职业学院）

顾若波（南通科技职业学院）

主　　审　施祝斌（南通航运职业技术学院）

蔡海进（江苏金鑫传动机械有限公司）

季立新（南通韦尔电机有限公司）

序言

工学结合人才培养模式经由国内外高职高专院校的具体教学实践与探索，越来越受到教育界和用人单位的肯定和欢迎。国内外职业教育实践证明，工学结合、校企合作是遵循职业教育发展规律，体现职业教育特色的技能型人才培养模式。工学结合、校企合作的生命力就在于工与学的紧密结合和相互促进。在国家对高等应用型人才需求不断提升的大环境下，坚持以就业为导向，在高职高专院校内有效开展结合本校实际的“工学结合”人才培养模式，彻底改变了传统的以学校和课程为中心的教育模式。

《全国高职高专规划教材——工学结合教材》丛书是一套高职高专工学结合的课程改革规划教材，是在各高等职业院校积极践行和创新先进职业教育思想和理念，深入推进工学结合、校企合作人才培养模式的大背景下，根据新的教学培养目标和课程标准组织编写而成的。

本套丛书是近年来各院校及专业开展工学结合人才培养和教学改革过程中，在课程建设方面取得的实践成果。教材在编写上，以项目化教学为主要方式，课程教学目标与专业人才培养目标紧密贴合，课程内容与岗位职责相融合，旨在培养技术技能型高素质劳动者。

前言

机械测量技术是机械制造及相关专业的专业技术基础课，基于工作过程的课程改革，按照“行业引导、企业主导、学校参与”的思路，与行业专家紧密协作，以机械制造过程中常规测量为导向依据，以项目课题为专业知识、技能载体，力求做到工作过程简明、规范。

本书在编写过程中，参考了减速器、电机等相关机械制造行业的机械测量规范，项目选题以机械产品典型零件生产现场基本的测量工作流程为背景，以源于企业，并经过教学改革的典型的测量任务为实践性教学载体，培养学生机械测量的基础操作技能；培养学生良好的职业素质、严谨的工作态度、优良的工作作风。

（1）以学生为本，从培养学生实际操作能力角度出发整合内容。

机械测量技能是对从事机械制造类专业人员的最基本要求，本书以源于企业的生产现场基本的测量工作流程为背景，并通过实践与理论相结合的方式来整合内容，达到对学生机械测量基本操作技能的培养。

（2）以项目为引导，以任务为驱动，突出“应用为目的、必须够用为度”。

本书以机械产品典型零件制造过程的机械测量为项目，以生产现场的常见测量内容为任务，以培养技能为中心，配备必要的理论知识构成相应的项目化模块。

（3）理实一体化，体现实践性、应用性。

每个项目都由测量基础、测量、测量结果及合格性判断、项目训练与评价构成。测量基础为测量项目涉及的相关理论知识，精练浅显，突出实用性；测量突出量具、量仪的选择及规范操作；测量结果及合格性判断简要易懂；项目训练则选真实产品零件，突出其与生产接轨；测评则重点考评学生量具是否选对、操作过程是否规范、测量数据处理方法及结果判断是否正确。

（4）教材的结构完整，覆盖全面。

选择为测量项目的典型零件，基本代表了常见的机械零件的类型，且其内容基本覆盖了一般机械制造生产现场的常规量具的使用操作及常规的测量内容。每个项目都为相对独立的模块，具有一定的灵活性。

（5）教材图文并茂，使用性强。

本书的相关操作均参考相关机械行业的质量检测规范。图文并茂，配有量具使用及项目测量相应动画库、视频库及教学重点提要等，便于学生自学与操作练习。

本教材的参考教学时数为66学时，使用时可根据具体情况调整删减。

课程教学建议（供参考）如下所述：

学时分配表

章次	内容	总学时	其中	
			讲授	实训
项目一	机械测量技术入门	10	4	6
项目二	轴类零件的测量	12	4	8
项目三	套类零件的测量	10	4	6
项目四	螺纹及蜗杆零件的测量	10	4	6
项目五	圆柱齿轮的测量	8	2	6
项目六	箱体零件的测量	8	2	6
项目七	装配精度测量	8	2	6
合计		66	22	44

本书由江苏南通科技职业学院袁周华老师担任主编，负责全书统稿；南通科技职业学院刘长山老师担任副主编，负责与行业、企业联系及相关资料收集整理。全书大部分内容由袁周华老师编写，刘长山、曹文成、邹栋林、章浩、刘枫、王惠和顾若波老师参与了编写和指导。

本书由南通航运职业技术学院施祝斌教授、江苏金鑫传动蔡海进高级工程师和南通韦尔电机季立新高级工程师主审全稿，在此表示衷心感谢。

本书作为与行业标准接轨课程改革的重要内容之一，还在不断地探索、调整中，希望得到在教学中使用相关的反馈信息，以便更好地改进与完善。此外，由于编者水平有限，书中难免存在错漏之处，敬请广大读者批评指正。

编　者

2015年6月

目 录

项目一　机械测量技术入门

【学习目标】

了解机械测量技术的相关基础知识，掌握机械测量的基本概念及单位与换算关系。

了解测量器具与测量方法的分类，理解测量误差的分析与数据处理的基础知识。

了解量具仪器选用的要求和方法，理解测量器具的主要技术性能指标，熟悉常用量具及仪器的使用及日常维护。

任务一　机械测量技术的相关基础知识

测量技术是一门具有专业体系、涵盖多学科、理论性、实践性都很强的学科。机械测量为其中十分重要的一部分。熟练掌握测量技术的基础知识，则是掌握测量技能、独立完成机械产品几何参数测量的基础。

一、机械测量技术的基本概念

（一）测量

1. 狭义测量的定义

测量是为了确定被测对象的量值而进行的全部操作。在这个过程中，人们借助专门的设备，把被测对象直接或间接地与同类已知单位进行比较，取得用数值和单位共同表示的测量结果。

例如：用精度为 ±0.03 mm 游标卡尺测量轴的直径。

其测量对象为：轴；

长度单位为：mm；

准确度为：±0.03 mm；

如读数（比值）为：36.52。

则其测量结果应为：（36.52±0.03）mm。

测量的基本原理是通过比较来识别被测对象，测量就是比较。比较可采用直接或间接的方法进行，比较通常需要用专门的设备（测量仪器）才能实现。

2. 广义测量的定义

测量是为了获取被测对象的信息而进行的实验过程。在这个过程中，人们借助专门的设备去获取有关的信息，得到关于被测对象的属性和量值，并以便于人们利用的形式表示出来。所谓获取某事物的信息，即获得该事物（系统）的存在状态及其变化趋势。

广义的测量不仅包括对被测对象的几何及物理量进行定量的测量，而且还包括对更广泛的被测对象进行定性、定位的测量。例如，机器的故障诊断、零件的无损探伤、遥感遥测、矿藏勘探、地震源测定、卫星定位等。而测量结果也不局限于由量值和单位来表征的一维信息，还可以用二维或多维的图形、图像来显示所测对象的属性特征、空间位置、拓扑结构等。

3. 测量过程的四要素

（1）测量对象。

机械测量对象通常主要指几何量。包括：长度、角度、表面粗糙度以及形式误差等。由于实际生产中所测量的几何量种类繁多，情况各异，因此在实际测量操作时必须具体分析研究，以便正确测量。

（2）测量方法。

机械通常指进行测量时所用的计量器具和测量条件的综合。根据被测对象的具体情况，如精度、大小、轻重以及材质数量等来确定计量器具；分析研究被测参数特点以及与其他参数的关系，确定最合适的测量方法及测量的主要客观条件（如温度、环境等）。

（3）计量单位。

我国现行的基本计量制度为米制。长度单位为米（m），其他常用的有毫米（mm）、微米（μm）。角度则以度（°）、分（′）、秒（″）为单位。

（4）测量的精确度（准确度）。

测量的精确度通常指测量结果与真值的一致程度。主要是由于测量过程中不可避免存在误差所导致。测量的精确度越高说明测量结果（测量值）与真值（实际值）越接近，反之则越远。

（二）测试

测试通常指具有实验性质的测量。一般是试验和测量的综合过程。

（三）检验

1．概念

检验通常是指判断被测参数实际（测量）值是否在规定范围内的过程。机械零件（产品）的检验一般指确定零件（产品）是否符合设计要求，即判断零件（产品）合格性的过程。

2．检验的一般步骤

机械测量是综合运用相关知识和技能，对机械零件（产品）的合格性作出判断的全过程。其基本步骤有：

（1）熟悉产品的质量标准和技术规范；

（2）阅读产品（零件）图纸，明确测量项目；

（3）确定测量方法（案）和测量仪器；

（4）对零件（产品）进行测量，并取得相关测量数据；

（5）进行数据处理，并与规定值范围（设计要求）比较，作出合格性判断并填写相关报告或单据。

二、常用测量单位及换算

（一）测量单位

测量单位通常指测量工作中的原始基准。对几何量测量，各国都有自己的规定。目前大部分国家（包括我国）使用国际公认的米制；而英国及英联邦的国家一般采用的是“英制”（英尺、英寸、英分）。我国传统的叫市制（丈、尺、寸、分、厘）。

（二）单位换算

1．基本长度

基本长度单位为米（m）。其他长度单位有千米（km）、毫米（mm）、微米（μm）；在超精密测量中，长度单位采用纳米（nm）。

长度单位换算：

1 km= 1 000 m；

1 m= 1 000 mm；

1 mm= 1 000 μm；

1 μm= 1 000 nm。

2．角度

（1）角度单位。

① 角度的基本单位是：度（°）、分（′）、秒（″）。

② 弧度（rad）、微弧度（μrad）。

（2）角度换算。

① 1°= 60′；1′= 60″

② 360°=2πrad=6.283 2 rad

1 rad=10^6 μrad；

③ 1°=0.017 453 rad

1 rad = 57.295 764°

（3）公英制换算。

1 in（英寸）=0.025 4 m=25.4 mm

（4）公市制换算。

① 1 市里=150 丈

1 丈= 10 尺

1 尺=10 寸

1 寸=10 分

② 1 m=3 尺。

三、测量基准和量值的传递

(一) 测量基准

1．概念

通常是复现和保存计量单位并具有规定计量单位特性的计量器具。

2．分类

在几何计量领域内一般有长度基准和角度基准两类。

（1）长度基准。

① 概念。

复现及保存长度计量单位并通过它传递给其他计量器具的物质称为长度计量基准。

② 分类。

a. 国家基准（主基准）。主要用于复现和保存计量单位，具有现代科学技术所能达到的最高准确度的计量器具。经国家鉴定并批准作为统一全国计量值的最高依据。如：米的定义，推荐用激光辐射来复现它。

b. 副基准。通过与国家基准直接或间接对比来确定量值并经国家鉴定批准的计量器具。它在全国作为复现计量单位，地位仅次于国家计量基准。

c. 工作基准。通常为经与国家基准或副基准校准或比对，并经过国家鉴定的，实际用于检定计量标准的计量器具。设立工作基准的目的是为了不使国家基准或副基准频繁使用而丧失应有的准确度或遭受损坏。

说明：不论是国家标准、副基准还是工作基准，一般都不能用于实际生产中直接对零件的测量。为了计量值的合理和统一，必须按相关规定，将具有最高计量特性的国家标准逐级进行传递，直至用于对产品进行测量的各种测量器具。

（2）角度基准。

与长度量不同，由于常用角度单位（度）是由圆周角度定义的，即圆周角等于 360°，而弧度与度、分、秒又有确定的换算关系，因此无须建立角度的自然基准。

（二）量值的传递

在机械制造中，自然基准不便用于实际生产。为此在全国范围内从技术上和组织上建立了严密的长度量值的逐级传递系统。目前实际工作中常用的两种实体基准是：线纹尺和量块。

1. 技术上

（1）自然基准→国家基准米尺→工作基准米尺→工程技术应用中的各种刻线线纹尺→工件尺寸。

（2）自然基准→基准组量块→工作量块→ 各种计量器具→工件尺寸。

2. 组织上

国家计量局→各地区计量中心→省计量局（机构）→市计量局（机构）→企业计量机构。

四、测量的方法

（一）测量方法的种类

1. 直接测量和间接测量

（1）直接测量。

直接测量是直接对被测零件进行测量而得出测量值的一种测量方法。一般比较简单方便、测量误差相对较小。如在天平上用砝码对物体的质量进行比较。

（2）间接测量。

间接测量是通过对一些相关尺寸的测量再进行计算而得到测量值的方法。相比直接测量误差稍大。如通过弹簧秤间接地对物体质量进行比较。

2．绝对测量和相对测量

（1）绝对测量。

指被测量和标准量直接比较后得到被测量绝对值的测量。

（2）相对测量。

指被测量和标准量进行比较后只确定被测量相对于标准量的偏差值。

3．接触测量和非接触测量

（1）接触测量。

测量时，测量装置的测头与被测对象表面发生机械接触的测量。

（2）非接触测量。

测量时，测量装置的测头（敏感元件）与被测对象表面不直接接触的测量。

4．静态测量与动态测量

（1）静态测量。

在测量过程中，被测零件与敏感元件处于相对静止状态。

（2）动态测量。

在测量过程中，被测零件与敏感元件处于相对运动状态。

（二）测量方法的选择原则

由于任何测量方法都存在测量误差，因此合理地选择测量方法是保证产品质量的重要措施。一般按以下原则进行选择。

（1）应满足被测对象的准确度要求。

（2）必须考虑低成本的、容易实现的。

（3）计量器具应简单可靠、操作方便、容易维护。

（4）对测量者的技术水平和熟练程度要求尽可能低些。

五、测量误差

（一）测量误差的概念

测量误差通常指被测量对象测量得到的测量值与实际真值之差。

（二）测量误差的来源

引起测量误差的因素较多，主要有以下几个方面。

1. 测量装置误差

（1）标准器误差。

标准器是提供标准值的器具，如量块、标准量规等。它们自身表现的客观量值之间有差异值，即标准误差。

（2）仪器误差。

测量仪器与标准值之间的差异。

2. 环境误差

通常是指由于测量环境因素造成的误差。如温度、湿度等引起的误差。

3. 人员误差

通常是指由于测量人员生理差异和技术不熟练所引起的误差。如视差、观测误差、估读误差等。

4. 方法误差

通常是指由于测量方法或计算方法不完善引起的误差。

（三）测量误差的分类及减小影响的方法

测量误差按其产生的原因、出现的规律及对测量结果的影响，通常分为以下三类。

1. 系统误差

（1）概念。

在规定条件下，绝对值和符号保持不变或按一定规律变化的误差。前者为定值系统误差；后者为变值系统误差。

（2）消除方法。

系统误差大部分可以通过修正值或找出其变化规律后加以消除。

2. 随机误差

（1）概念。

在规定条件下，绝对值和符号以不可预知的方式变化的误差。

（2）减少影响的方法。

随机误差通常是由温度波动、测量力变化、测量器具传动机构不稳视差等因素造成，虽无法完全消除，但可分析产生原因，采取相应方法以减少影响。

3．粗大误差

（1）概念。

明显超出规定条件下预期的误差。

（2）解决方法。

通常是由非正常因素造成的（读错、记录错、温度特变等），一般可按一定规律剔除。

六、安全裕度与验收极限

（一）安全裕度 A

1．概念

安全裕度 A 通常指测量中总不确定度的允许值。一般由量具不确定度及测量条件引起的不确定度允许度两部分组成。

2．影响

（1）A 值较大时，可选精度较低的测量器具进行检验。生产公差减小，加工经济差。

（2）A 值较小时，可选较精密的测量器具进行检验。加工经济好，但测量成本高。

因此，A 值应按被检验工件的公差大小来决定。一般为公差的 1/10。

（二）验收极限

由于存在测量误差，测量所得的实际尺寸并非零件的真实尺寸，真实尺寸=测得的实际尺寸±测量误差。在生产中一般不可能采用多次测量取平均值，更不会对温度、湿度等环境因素引起的测量误差进行修正，通常只进行一次测量来判断工件尺寸是否合格。因此，若根据实际尺寸是否超出极限尺寸来判断其合格性，即以极限尺寸作为尺寸的验收极限，当测得值接近工件极限尺寸时，就有可能导致误废或误收。即将真实尺寸处于公差带之内的合格品判为废品，称为误废；将真实尺寸处于公差带之外的废品判为合格品，称为误收。误收会影响产品质量，误废会造成经济损失。因此，在实际测量工件尺寸时，必须进行正确验收。验收极限标准见图 1-1。

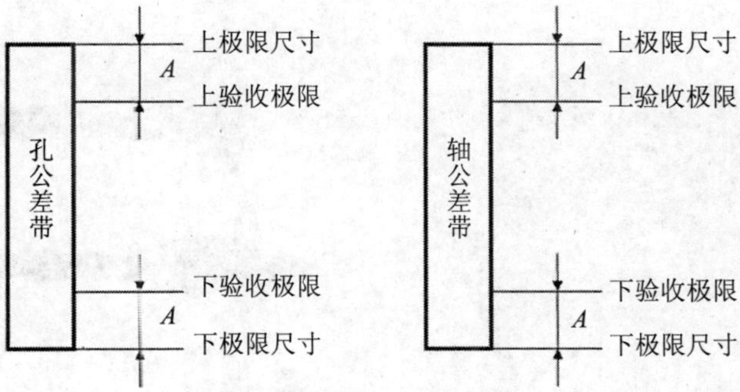

图 1-1　验收极限标准

国家标准规定了两种验收极限方式。

（1）内缩的验收极限——从规定的最大极限尺寸和最小极限尺寸分别向工件公差带内移动一个安全裕度（A）来确定。

$$\text{工件上验收极限}=\text{最大极限尺寸}-A$$

$$\text{工件下验收极限}=\text{最小极限尺寸}+A$$

（2）不内缩的验收极限——等于规定的最大极限尺寸和最小极限尺寸，即 A 值等于零。

具体选择哪一种验收极限方式，要结合工件尺寸功能要求及其重要程度、尺寸公差等级、测量不确定度和工艺能力等因素综合考虑。

任务二　机械测量常用的测量器具基础

一、机械测量器具基础知识

（一）测量器具的分类

机械测量器具通常指量具、量规、测量仪器（以下简称量仪）以及其他用于测量目的的测量装置的总称。测量器具按其原理、结构特点及用途的不同一般分以下四大类。

1．量具

量具通常指用来测量或检验零件尺寸的器具。其特点为结构比较简单、一般能直接指示长度的单位或界限。常见的有：量块（图 1-2）、角尺、游标卡尺（图

1-3）、千分尺等。

图 1-2　量块

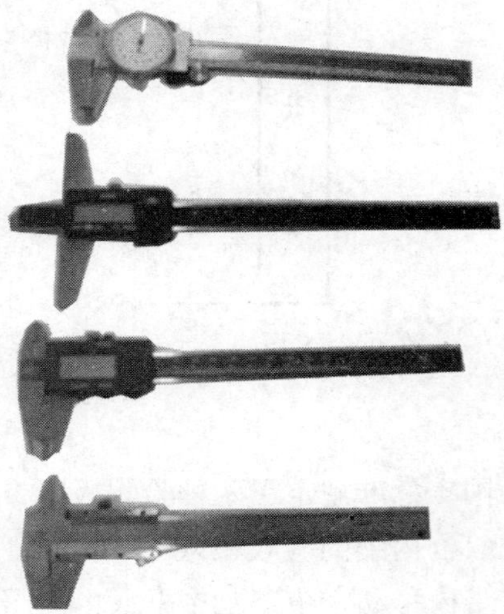

图 1-3　游标卡尺

2．量规

量规通常指没有刻度的专用测量器具（图 1-4）。它是一种检验工具，通过检验零件尺寸和几何误差的综合结果，从而判断被测零件的几何参数是否合格。其特点只能判断工件是否合格，不能获得被测参数的具体值。常见的有光滑极限量块、螺纹量规等。

图 1-4　量规

3. 量仪

量仪通常指利用机械、光学、气动、电动等原理，将长度单位放大或细分的测量工具，它不但可以用来测量零件，还可以用来检定量具。其特点通常结构较复杂，调整困难。常见的有立式光学计（图 1-5）、水平仪、圆度规、测长仪（图 1-6）、偏摆检查仪、工具显微镜等。

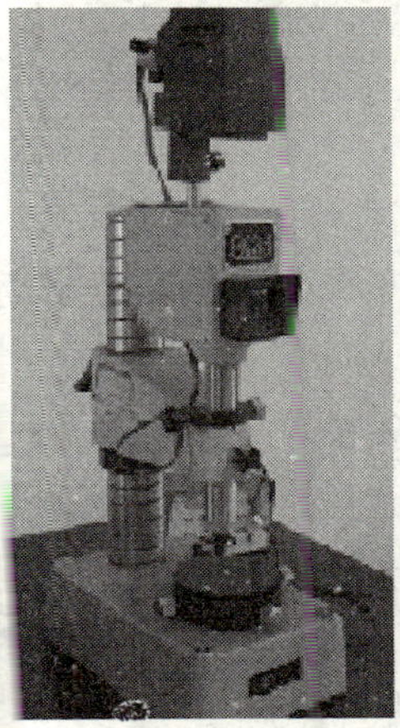

图 1-5 立式光学计

图 1-6 万能测长仪

4. 测量装置

测量装置通常指为了实现某类测量所必需的测量仪器及辅助装置的总体。它是量具、量仪、定位元件等的组合体。其特点是测量或检验效率高、精度高；用途单一，组装、调整困难。一般仅用于大批量生产中。

（二）测量器具的基本技术性能指标

1. 分度间距（刻度间距离）α

通常指测量器具刻度标尺或圆刻度盘上两相邻刻度线中心之间的距离或圆弧长度。太小会影响阅读精度，太大则会加大读数装置的尺寸。一般选 1～2.5 mm。

2. 分度值 i

通常指测量器具刻度标尺或圆刻度盘上两相邻刻度线间的距离所代表的被测量的量值，或指量仪显示的最末一位数字所代表的量值。如游标卡尺的分度值为 0.02；千分表的分度值为 0.001 等。

3. 灵敏度 k

通常指测量器具的指针对被测量的变化的反应能力。对于一般长度量仪，灵敏度又称放大比（放大倍数）。它等于分度间距α与分度值i之比。一般分度值越小，灵敏度越高。

4．标尺示值范围

通常指测量器具刻度标尺或刻度盘内全部刻度所代表的最大范围。

5．测量范围

通常指测量器具的误差处于规定范围内，测量器具所能测量的被测量的最小值到最大值的范围。

6．示值误差

通常指指示器上的示值与被测量真值的代数值。示值误差是代数值，有正负之分。一般可用量块作为真值来修正。示值误差越小，测量器具的精度越高。

7．示值变动性

通常指在相同测量条件下，对同一被测量进行多次重复测量（一般可选5～10次），所得示值的最大误差作为示值变动性。

8．回程误差

通常条件下，由于传动原件存在间隙，测量器具对同一被测量进行往返两个方向测量时，测量器具的示值会有变动，回程误差即为其最大变动量。

9．测量力

测量过程中测头与被测物体间通常都有一定的接触压力。接触压力过大会引起测头及被测物体变形，从而引起较大的测量误差。好的测量器具一般都有测量力控制装置。

10．不确定度

通常指由于测量误差的存在而对被测量值不能肯定的程度。它是综合指标，其主要是因为示值误差、回程误差等不能修正，只能用来估计测量误差的范围。

11．允许误差

通常指技术规范、规程等对给定测量器具所允许的误差极限值。

（三）计量器具的选择

1．计量器具的选择原则

（1）计量器具测量范围的选择。能够满足被测对象的外形、位置，以及被测量零件的大小等参数的要求。

（2）计量器具精度的选择。通常按被测对象的尺寸精度来选用计量器具。一般是高一等级的计量器具用来测量低一等级的工件。

（3）按被测对象的结构特殊性选用计量器具。如对象的大小、形状、重量、材料、刚性和表面粗糙度等都是选用时的考虑因素。对象的大小确定量具的测量范围。

（4）被测对象的加工方法、批量和数量等也是选择计量器具时要考虑的因素。如果是单件测量，应以选择通用计量器具为主；成批的测量，应以专用量具、量规和仪器为主，或选用高效率的自动化专用测量器具。

2．计量器具选择必须做的工作

（1）熟悉量具量仪的特点规格、精度和使用方法。

（2）弄清零件的技术要求。

（3）掌握量具量仪的各项经济指标数据。

二、机械测量常用量具

（一）游标类测量器具

1．游标卡尺的结构及用途

游标卡尺是车间常用的计量器具之一，是一种测量精度较高、使用方便、应用广泛的量具，可直接测量工件的外径、内径、长度、宽度、深度尺寸等，其典型结构如图 1-7 所示。

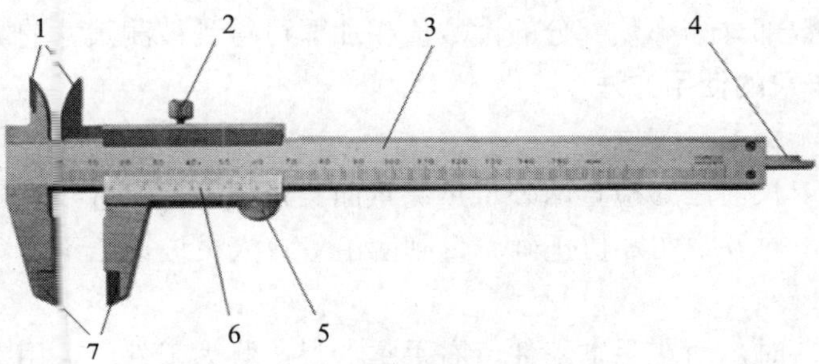

1. 上量爪；2. 紧固螺钉；3. 主尺；4. 深度尺；5. 推把；6. 游标尺；7. 下量爪

图 1-7 游标卡尺

2．游标类测量器具的读数原理

游标类测量器具的主要特点是采用游标原理来获得较高的准确度。所谓游标原理，就是将两根按一定要求刻有刻度线的直尺对齐或重叠后，其中一根固定不动，另一根可沿着它做相对滑动。固定不动的直尺称为主尺，沿主尺滑动的直尺称为游标尺（以下简称游标）。游标尺能对主尺进行准确的读数。

其读数原理是利用尺身刻线间距和游标刻线间距之差来进行小数读数。通常尺身刻线间距 a 为 1 mm，尺身刻线（$n-1$）格的长度等于游标刻线 n 格的长度。相应的游标刻线间距为

$$i = a - b = \frac{1}{n}a \tag{1-1}$$

式中，a——主尺的刻度值；

b——游标尺的每格宽度；

n——游标尺刻线数；

i——主尺身刻线间距与游标刻线间距之差，即为游标卡尺的分度值。目前游标卡尺的分度值有 0.1 mm、0.05 mm 和 0.02 mm 三种。

3．游标卡尺的读数方法

（1）读整数。

读出游标零线左边靠近零线最近的主尺刻线的数值，该数值就是被测尺寸的整数值。

（2）读小数。

找出游标上第几根刻线与主尺上的刻线对齐，该游标刻线的序号乘以该游标卡尺的分度值即可得到小数部分的读数值。

（3）求和。

将上面整数部分和小数部分的读数值相加即可得到被测尺寸的测量结果。

4．游标卡尺的使用方法

（1）校对游标卡尺零位。

使用游标卡尺前，应检查两外量爪测量面紧密接触，游标尺零刻线与主尺零刻线是否对齐，对齐说明零位正确。否则应由专业人员进行修正。

（2）测量操作。

测量小工件时，用左手拿工件，右手拿卡尺；测大工件时，用左手拿尺身量爪，使其与被测面紧靠，右手使游标量爪靠近另一被测面，使两量爪与两被测面接触，接触的松紧程度要适中。测量孔径时方法同上，方向相反。

测量深度时，用右手大拇指揿住游标操作点，其余四指捏住尺身，将尺身尾端面靠紧被测件的起始面，并使深度尺端头垂直贴合工件深底。

量爪与工件的正确测量位置和确定方法是关键。测外尺寸时，须将两量爪上下窜动，通过摆动尺身，以确定量爪的最小开度。测内尺寸时，固定量爪靠紧被测面不动，用上下左右摆动尺身，并微调游标量爪以确定两量爪的最大开度。

（3）使用游标卡尺的注意事项。

① 测量前应用软布将卡尺擦干净，游标在尺身上滑动要灵活自如，不能过松或过紧，不能晃动，以免产生测量误差。

② 卡尺的两个量爪合拢时应密不透光。如漏光严重，需进行修理。量爪合拢后，游标零线应与尺身零线对齐。如不对齐，就存在零位偏差，一般不能使用。有零位偏差时如要使用，需加修正值。

③ 测量时，要先看清楚尺框上的分度值标记，以免读错小数值产生粗大误差。应使量爪轻轻接触零件的被测表面，保持合适的测量力，量爪位置要摆正，不能歪斜。

④ 在游标上读数时，视线应与尺身表面垂直，避免产生视觉误差。

⑤ 测量中容易出现的错误操作见图 1-8。

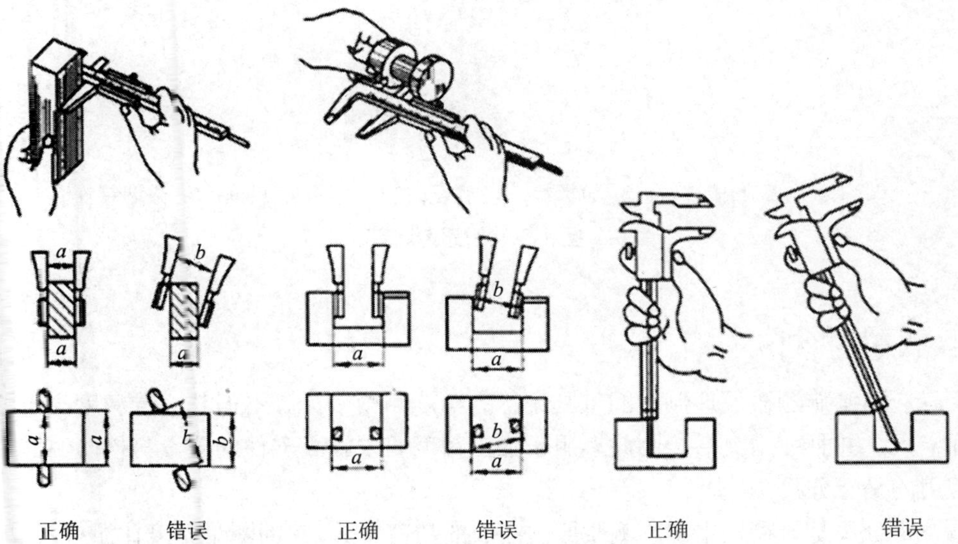

图 1-8 容易出错的操作

5. 高度游标卡尺

高度游标卡尺简称高度卡尺（图 1-9），它是利用游标原理对装置在尺框上的画线量爪工作面，或者测量头与底座工作面相对移动分隔的距离进行读数的测量器具。高度游标卡尺是主要用来测量工件表面相互位置或精密画线的。

高度游标卡尺的读数方法与游标卡尺相同。读数方法，一种是当量爪与被测面接触稳定后，不动高度尺就读数；另一种是将尺框紧固后拿起来读。

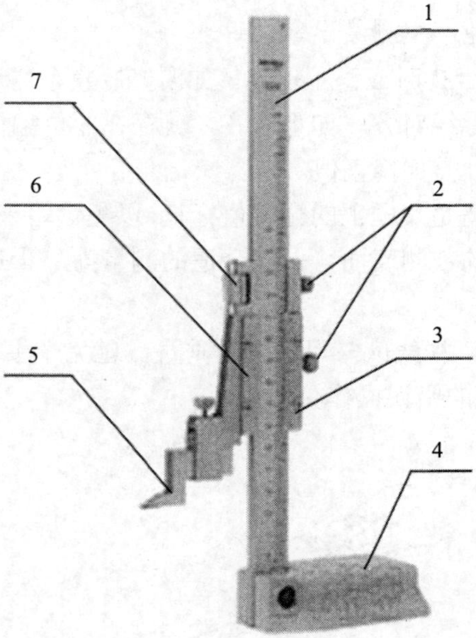

1. 主尺；2. 紧固螺钉；3. 游标尺；4. 底座；5. 量爪；6. 尺框；7. 微调装置

图 1-9 高度游标尺

（二）千分尺

应用螺旋测微原理制成的量具统称为螺旋测微量具。不但其测量精度高于游标卡尺，并且使用灵活。因此多用于加工精度要求较高零件的测量与检验。其最常用的是千分尺。

千分尺是一种应用螺旋测微原理制成的精密量具，它的测量精度比游标尺高，可达到 0.01 mm。千分尺的种类很多，根据测微头结构不同构成各种各样用途的千分尺。一般机械加工车间应用的有：内径千分尺（图 1-10），外径千分尺（图 1-11），深度千分尺（图 1-12），壁厚千分尺（图 1-13），螺纹外径千分尺（图 1-14），公法线千分尺（图 1-15），尖头千分尺（图 1-16）等。其主要用于测量零件的外径、内径、深度、厚度、螺纹中径、齿轮公法线长度等。

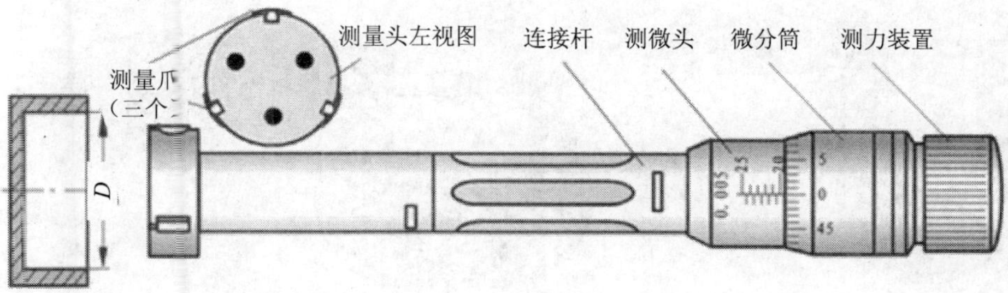

（a）三爪内径千分尺

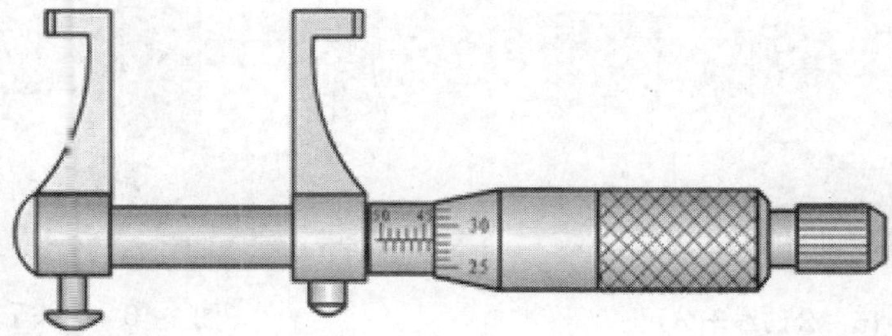

（b）两爪内径千分尺

图 1-10 内径千分尺

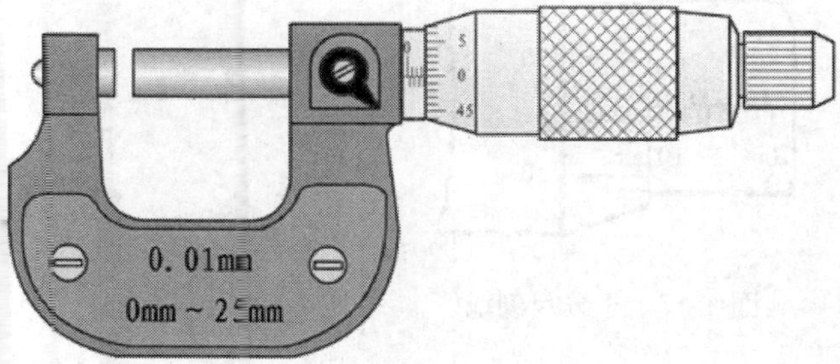

图 1-11 外径千分尺

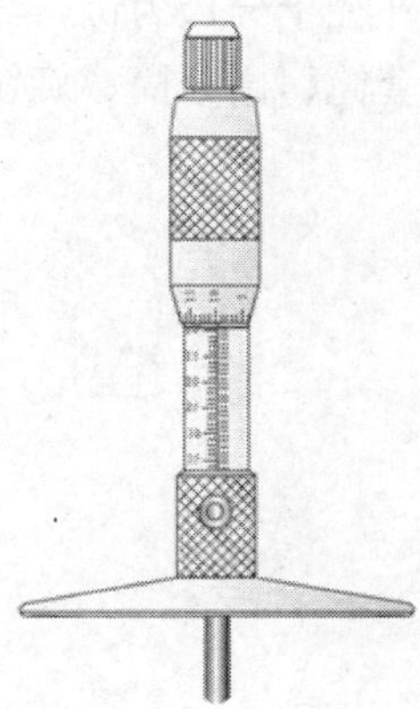

图 1-12 深度千分尺

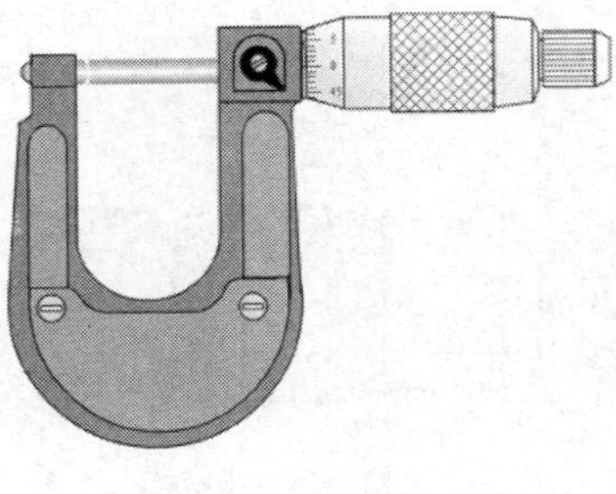

图 1-13 壁厚千分尺

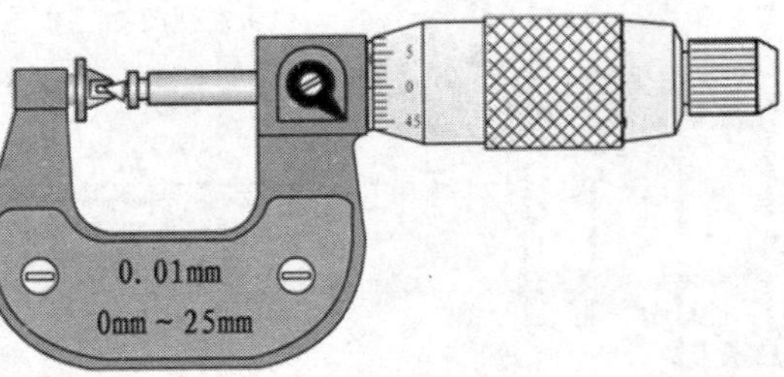

图 1-14 螺纹线千分尺

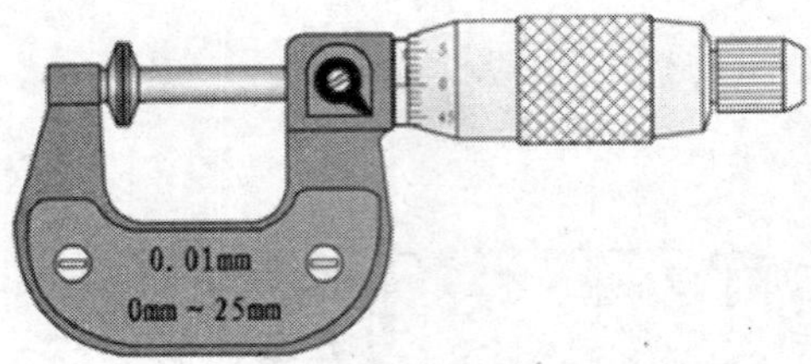

图 1-15 公法线千分尺

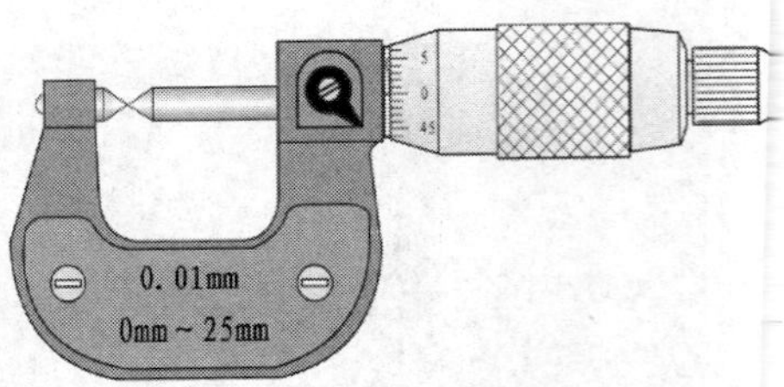

图 1-16 尖头千分尺

1. 外径千分尺的结构

千分尺虽然其种类很多，但其结构大同小异（主要区别在测微头），以最常用的外径千分尺为例，其主要由尺身及与其固定在一起的测砧、测微螺杆、固定刻度套筒、微分筒、旋钮、测力旋钮、锁紧螺钉、绝热板等组成（图 1-17）。

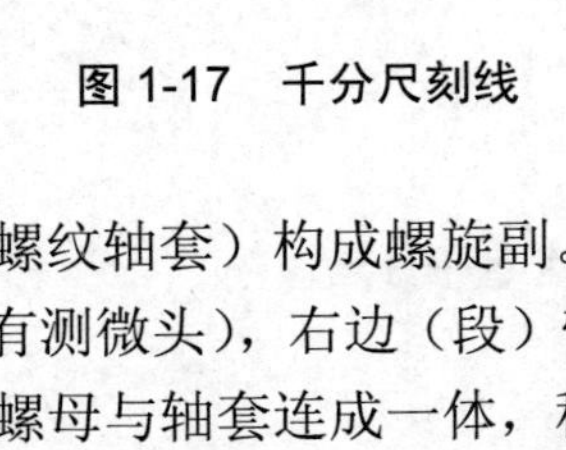

图 1-17 千分尺刻线

测微螺杆和测微螺母（螺纹轴套）构成螺旋副。测微螺杆的左边（段）是测杆（其他千分尺有的端部带有测微头），右边（段）带有精密外螺纹，右端部通过弹簧套与微分筒连接；测微螺母与轴套连成一体，称为螺纹轴套；当转动微分筒时，测微螺杆在螺纹轴套内与微分筒同步转动，并做轴向移动。

2．螺旋副原理

千分尺类量具是以螺旋副原理为基础。螺旋副原理是将测微螺杆的旋转运动变成直线位移，其测微螺杆在轴心线方向上移动的距离与螺杆的转角成正比

$$L = P\frac{\theta}{2\pi} \tag{1-2}$$

式中，L ——测杆直线位移距离，mm；

P ——测杆的螺距；

θ ——测杆的转角，rad。

3．千分尺的读数方法

（1）刻线原理。

在千分尺的固定套管上刻有轴向中线，作为微分筒读数的基准线。在中线的两侧，刻有两排刻线，每排刻线的间距为 1 mm，上下两排相互错开 0.5 mm。为了能准确读出测杆的轴向位移量，在微分筒的斜面上刻有 50 个等分线（如图 1-17 所示）。公制千分尺的测微螺杆的螺距 P=0.5 mm，故微分筒每转 360°，测杆直线移动 0.5 mm 距离。当微分筒转过一个刻度时，测杆移动距离为

$$i = \frac{L}{50} = \frac{P\frac{\theta}{2\pi}}{50} = \frac{0.5\times\frac{2\pi}{2\pi}}{50} = 0.01(\text{mm}) \tag{1-3}$$

即千分尺微分筒分度值为 0.01 mm，又称为读数值为 0.01 mm。

（2）千分尺读数方法。

外径千分尺的读数可分为以下三步。

① 首先读出固定套筒上刻度线上（微分筒边缘左边）显示最大数值，其中固定套管的圆形表面上排刻线（中线上方）为整数（mm）刻线[图 1-19（a）]，下排刻线（中线上方）为 0.5（mm）刻线[图 1-18（b）]。

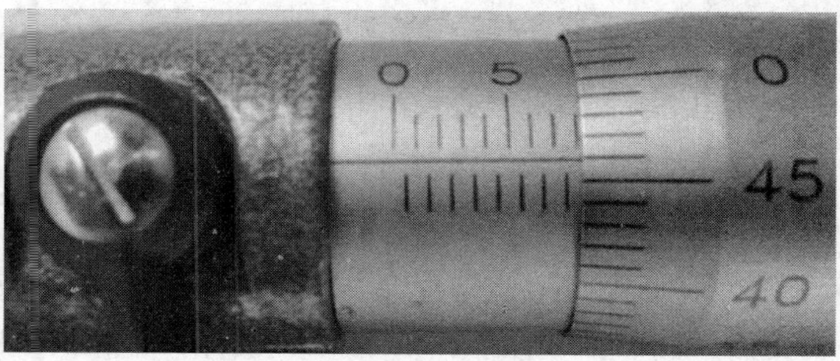

（a）整数（mm）刻度线

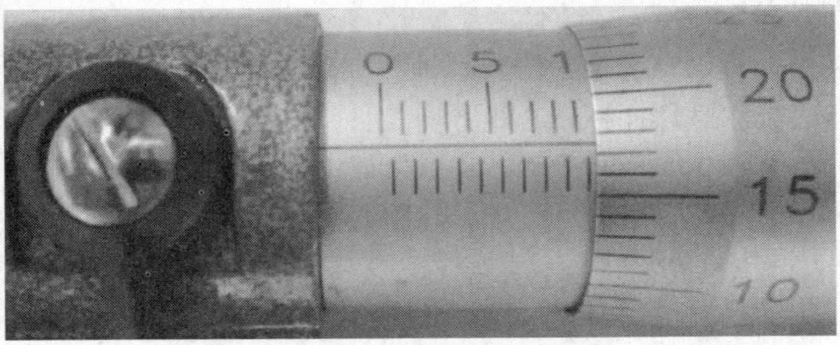

（b）0.5（mm）刻度线

图 1-18　千分尺刻线

② 接着找出微分筒上刻度线与固定套筒轴向中线对齐的刻度线所对应刻度数值，再乘以分度值。如无刻度线对齐时，则估读到小数点后第三位。

③ 将以上两个读数相加即得到测量的完整读数。

4．千分尺的使用方法

（1）校对零位。

如果微分筒上的零刻线与固定套筒上的中线重合，而且微分筒的锥面的左端面与固定套筒的零刻线右边边缘恰好相切（见图 1-19），说明零位正确。否则应进行相应的调整、维修。

图 1-19　千分尺零位

（2）测量操作。

左手拿捏在尺身上的隔热板处，右手转动千分尺的微分筒，使得两测量砧（面）间的距离稍大于被测尺寸；再将待测部位置于两测量砧（面）之间，如图 1-20 所示，并使外径千分尺的测微杆的轴线与工件的中心线平行或垂直，然后转动千分尺的微分筒，待测微螺杆的测量面接近工件被测表面时，再转动测力装置，使测微螺杆的测量面接触工件表面，听到 2～3 声“咔咔”声后即停止转动，并转动锁紧螺钉到锁紧位置，轻轻取下千分尺，此时即可读取测量的数值。

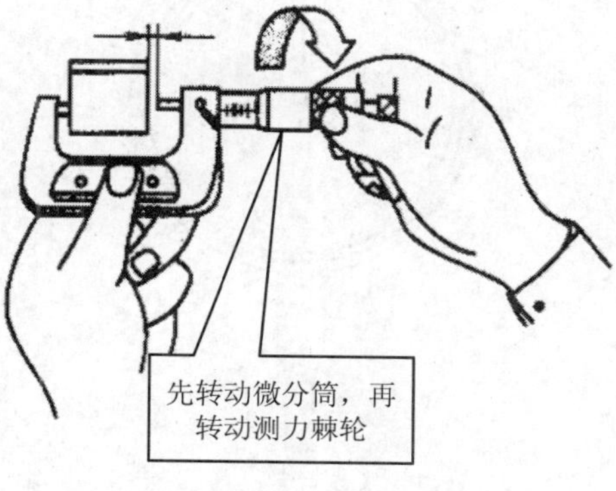

图 1-20 千分尺刻线

（3）使用千分尺的注意事项。

① 测量前，必须校对零位；

② 测量时，必须确保千分尺与工件的相对位置正确；

③ 读数时，应特别注意 0.5（mm）刻度的读取；

④ 不可使用千分尺测量毛坯；不可在工件旋转时测量工件；严禁重压、撞击千分尺。

（三）指示表测量器具

1. 百分表和千分表

利用机械传动系统，将测量杆的直线移，并由刻度盘进行读数的测量器位移转变为指针在圆刻度盘上的角位具，称为指示表。其中分度值为 0.01 mm 的称为百分表，如图 1-21 所示，分度值为 0.001 mm 的称为千分表。测量范围超过 10 mm 的指示表，称为大量程指示表。指示表用来精确测量零件圆度、圆跳动、平面度和直线度等形位误差，测量时均需配备专用表夹和表座。

2. 内径百分表

利用机械传动系统，将活动测头的直线位移变为指针在圆刻度盘上的角位移，并由刻度盘进行读数的内尺寸测量器具称为内径百分表。通常用于测量零件的光滑圆柱孔的直径尺寸及形状精度。如在内燃机生产中用于对汽缸体孔径的测量，所以也称它为缸径表、内径表。

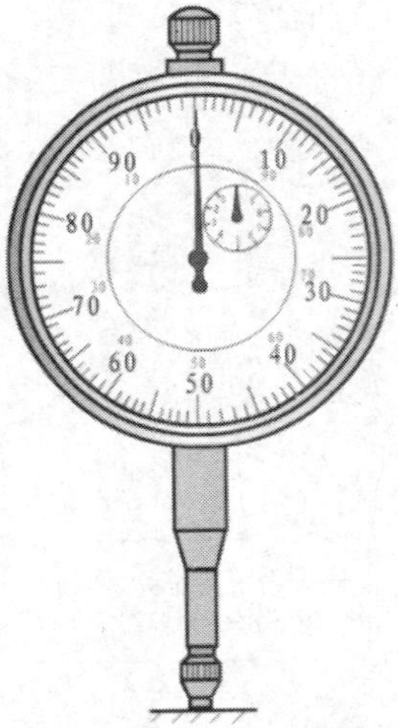

图 1-21　百分表

（1）内径百分表的组成。

内径百分表一般由内量杆杠测量架和百分表的组合，如图 1-22（a）所示。其主要组成有：百分表、锁紧螺钉、表架、固定测头、活动测头等；其装配前的各零部件如图 1-23（b）所示。

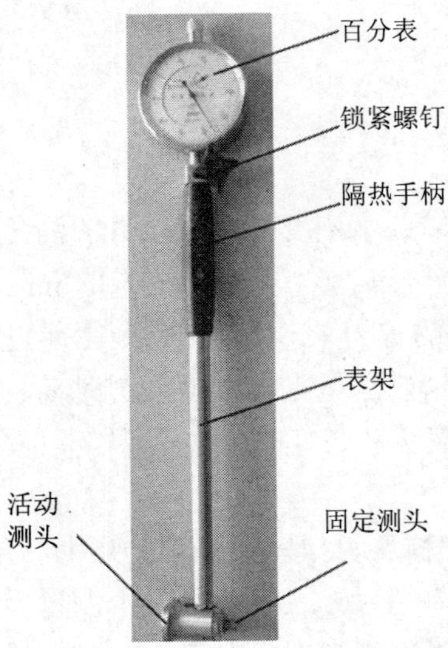

（a）内径百分表组装图

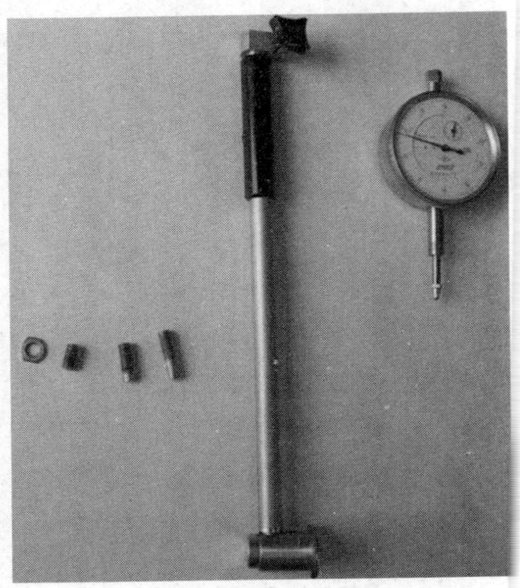

（b）内径百分表零部件图

图 1-22　内径百分表

（2）内径百分表读数方法。

① 刻线原理。内径百分表用于比较法测量光滑圆柱形孔的直径尺寸及几何形状误差。经过一次校对后可以测量基本尺寸相同的若干个孔。其测量原理是利用活动测头移动的距离与百分表的示值相等的原理来读数的。活动测头的移动量通过百分表内部的齿轮传动机构转变为指针的偏转量显示在表盘上。当活动测头移动 1 mm 时，百分表短指针转过一格；长指针转过一圈，而表盘上共刻有 100 格，每格即为 0.01 mm，即百分表的分度值为 0.01 mm。

② 读数方法。内径百分表的读数方法可分为三步；首先读出短指针与起始位置之间的整数差值；再读出长指针在表盘上所指示的小数值（格数乘以 0.01 mm）；最后将整数和小数值相加便得到测量值。

（3）内径百分表的使用方法。

① 安装。先用游标卡尺初步测量孔的大致尺寸，以此为据选择测量头，并旋上固定螺母，将其安装在测量杆上。然后调整固定测头长度，使其至测量杆上的活动测头距离比孔径尺寸大约 0.5 mm，再拧紧固定螺母；将百分表测头插入测量杆内，观察百分表，使百分表短的指针指向 0～1。拧紧测量杆上的锁紧螺钉，使百分表固定在测量杆上。

② 校对零位。首先将标准器上的尺寸复制到内径量表上。如将千分尺刻度值固定在孔径尺寸上；再将内径量表两测头放入千分尺内，使两测头的连线垂直于千分尺两测量面，同时注意百分表上的指示情况。轻微晃动内径量表，当内径量表两测头连线垂直于千分尺两测量面时，百分表上的指针始终回复指向同一位置。最后旋转表头刻度盘，使该指针位置与零刻线重合，如图 1-23 所示。

（4）测量操作。

将内径量表的两测头放入被测孔内（图 1-24），轻微晃动内径量表，百分表上的指针摆动，当摆动的折返点指向同一位置，该位置即为内径量表读数位置。以千分尺校零尺寸为基本读数，结合百分表读数。如果百分表上的指针指向零刻线，读数即为千分尺校零尺寸。如果百分表上的指针指向零刻线左右位置，即根据百分表上的指针指示情况，按分度值加或减而得到内径量表的准确读数。

图 1-23　校零位

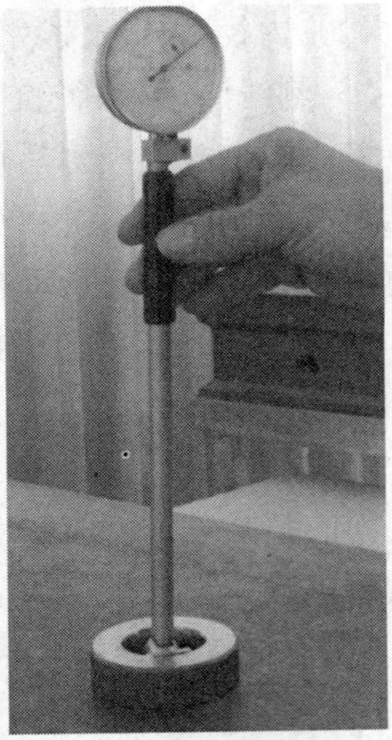

图 1-24　内径测量

（四）万能角度尺

万能角度尺是利用活动直尺测量面相对于基尺测量面的旋转，对该两测量面间分隔的角度进行读数的角度测量器具。按其结构分为游标式万能角度尺和表式万能角度尺两种，图 1-25（a）所示为一种常用的游标角度量具，主要由游标、主尺、直角尺、直尺、锁紧螺钉等组成。一般分度值有 5′和 2′两种。其测量范围分别是 0°～320°和 0°～360°。

1．万能角度尺的读数方法

（1）刻线原理。

万能角度尺主尺上刻度线每格为 1°，游标尺上可有 30 格，对应主尺上占的总角度为 29°，如图 1-25（b）所示。因此两者每格的度数差为

$$1° - 29/30 = 1/30° = 2' \tag{1-4}$$

即万能角度尺的分度值为 2′。

（2）读数方法。

万能角度尺读数的方法与游标卡尺相同，也分整数及小数点后面部分及最后相加得到测量值。

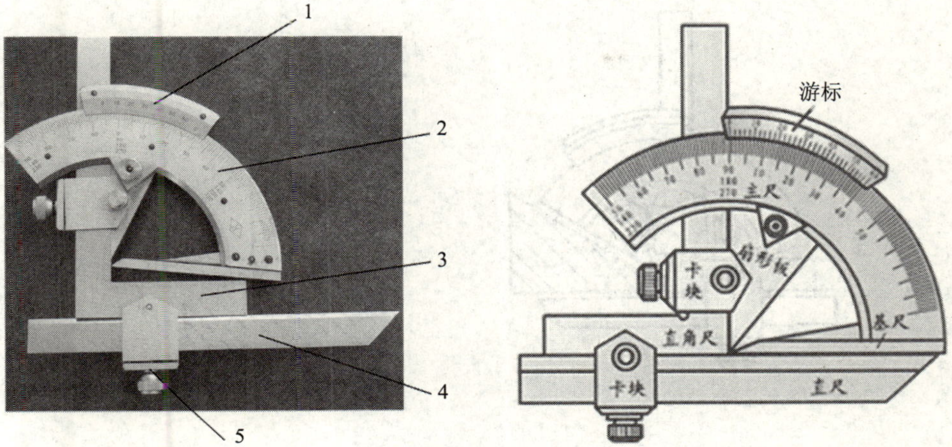

1. 游标；2. 主尺；3. 直角尺；4. 直尺；5. 锁紧螺钉

（a）　　　　　　　　　　（b）

图 1-25　万能角度尺

2. 万能角度尺的使用组合

实际生产中，根据测量对象的具体情况，万能角度尺可有以下不同的使用组合。

（1）角尺、直尺全（全套）：用于测量 0～50°的角度，如图 1-26（a）所示。

（2）仅装直尺：用于测量 50°～140°的角度，如图 1-26（b）所示。

（3）仅装角尺：用于测量 140°～230°的角度，如图 1-26（c）所示。

（4）直尺、角尺都拆掉（不装）：用于测量 230°～320°的角度，如图 1-26（d）所示。

3. 万能角度尺测量操作步骤

（1）将被测工件擦净平放在平板或工作台上。如工件较小，可用手把住。

（2）根据被测零件角度的大小，按图 1-26 所示四种状态之一进行万能角尺的组合。

（3）松开万能角尺的制动头，使万能角尺的两边与被测角度的两边贴紧，目测应无间隙，然后锁紧制动头，即可读数。

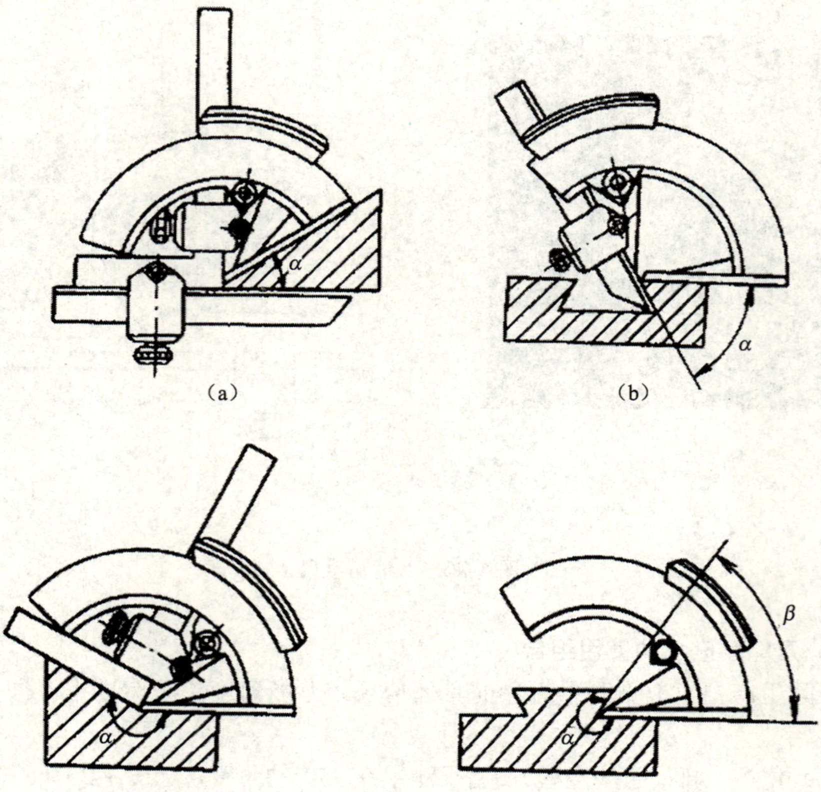

图 1-26　万能角度尺的组合方式

（五）量块

量块也叫块规，其截面为矩形或圆形，一对相互平行测量面间具有准确尺寸。

量块按制造的材质分，有钢质的、硬质合金的和玛瑙的等。

量块长度 *l*、测量面长度 *a*、测量面宽度 *b*，如图 1-27 所示。此时，量块尺寸稳定，不受外加机械力的影响。

GB/T 6093—2001 将量块分为 00、0、1、2、3 和 K 等几个测量等级。K 是校准级。量块的长度是计量器具的长度标准，量块既可用作长度的直接测量，也可用作调整机械设备的辅助工具。

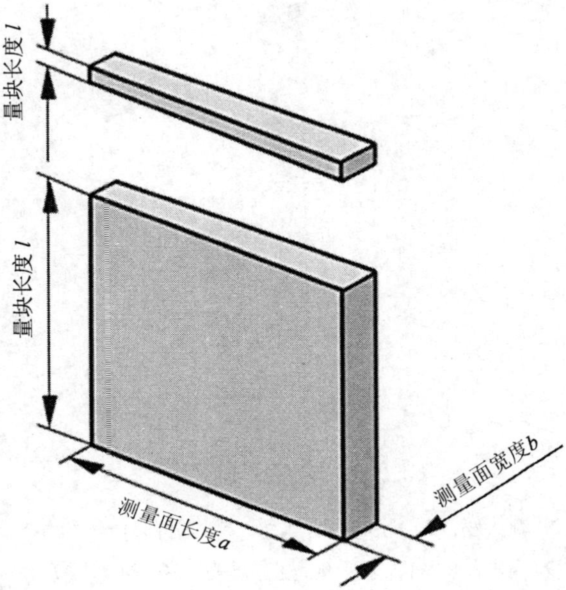

图 1-27 量块

三、现代测试仪器简介

随着科学技术的不断发展，测量技术与机械加工工艺得到更紧密的结合，计算机技术使机械加工实现了全过程的自动检测。随着数字化测量技术、动态检测的发展，实现了一些参数的连续检测，并通过反馈使测量保持在最佳的范围。

现代测量方法一般来说可以分为无损测量和破坏性测量（层切法）两大类，而无损测量又可以分为接触式数据采集和非接触式采集，接触式基于力变形原理分为触发式和连续扫描式。

（一）测高仪

数显测高仪如图 1-28 所示，运用了高精度的容栅式测量系统，其内置的单片机固化有多种测量模式，使仪器能在垂直方向上完成面与面、点与面、孔中心到面、轴中心到面、孔径和轴径以及孔中心距的测量。当工件置于标准的 90°量块上时，仪器可实现二维数据的测量（直角坐标与极坐标的转换，坐标变换，节圆直径的测量）和统计分析等。该仪器特别适合箱体类零件的测量。

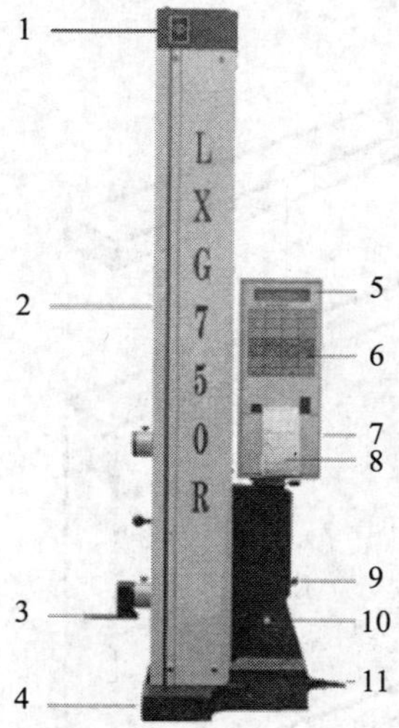

1. 测力调节；2. 测头座；3. 测头；4. 气垫；5. 大屏幕液晶显示；6. 触摸开关；
7. RS-232 输出；8. 打印机；9. 驱动开关；10. 气动开关；11. 电源

图 1-28 测高仪

（二）三坐标测量仪

三坐标测量仪是随着计算机、机械工业的发展而出现的一种高效高精度的接触式精密测量仪器，如图 1-29 所示。它有机地结合了数字控制技术、计算机软件技术、先进的位置传感技术和精密机械技术，使诸如齿轮、凸轮、涡轮、蜗杆等以前需要专用检测设备检测的工件，在三坐标测量仪上进行数据采集，结合相应测量、评价软件来实现专业的检测和评价。

1. 三坐标测量仪基本工作原理

三坐标测量仪通过探测传感器（探头）与测量空间轴线运动的配合，对被测几何元素进行离散的空间点位置的获取，然后通过一定的数学计算，完成对所测点（点群）的分析拟合，最终还原出被测的几何元素，并在此基础上计算其与理论值（名义值）之间的偏差，从而完成对被测零件的检验工作。

2. 三坐标测量仪测量精度的定义方法

（1）单轴测量精度＝基本测量精度＋被测量空间长度/单轴精度基数。

（2）总体测量精度＝基本测量精度＋被测量空间长度/空间精度基。

三坐标测量仪的特点在于能在一次装夹工件的情况下对复杂零件进行空间的测量，但由于目前还没有用于检验三坐标测量仪空间精度的专用标准检验装置，因此各三坐标测量仪制造厂商对各自的三坐标测量仪的空间测量精度都有自己的定义，但其具体形式基本与单轴测量精度的定义一致。

三坐标测量仪主要测量功能如下所述。

常规测量：点、直线、平面、圆柱、圆锥、球、圆环。

空间测量：空间点、空间曲面、空间曲线。

分析计算：误差、拟合、精度补偿。

测量评价：尺寸公差、形位公差。

复杂零件的三坐标测量：一次装夹完成尽可能多的复杂测量；人工无法胜任的测量，保证测量结果的一致性（图 1-30）。

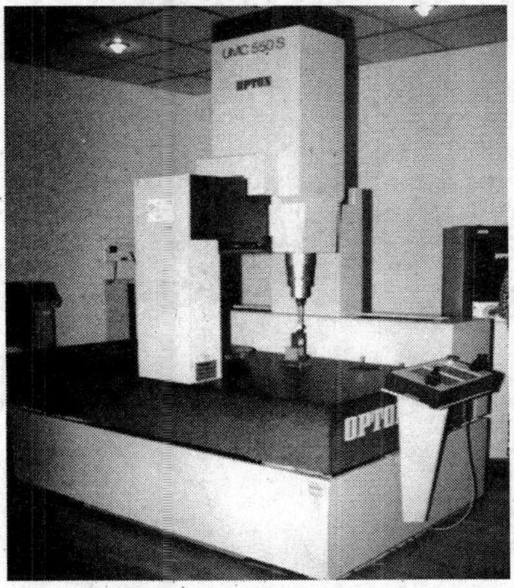

图 1-29　三坐标测量仪

图 1-30　复杂零件的三坐标测量

（三）影像式测绘系统

影像式测绘系统（图 1-31）也是一种非接触式测量系统。其作用如下：

（1）可检测被测物体的上表面的盲孔、沟槽等尺寸。可清楚地看到工件表面的图像和色彩。

（2）可把影像输出到计算机中用软件测绘存档，也可进行拍照、打印和保存。

（3）计算机软件测绘功能可把图形输出到 AutoCAD；AutoCAD 的工程图可输入软件中，并可随时设置客户坐标。

影像式测绘系统是一种趋势，它有传统投影仪的所有测量方法和功能，随着社会的发展，随着影像式测绘系统操作的简化和操作人员素质的提高，最终影像式测绘系统将会取代现有的传统式投影仪。

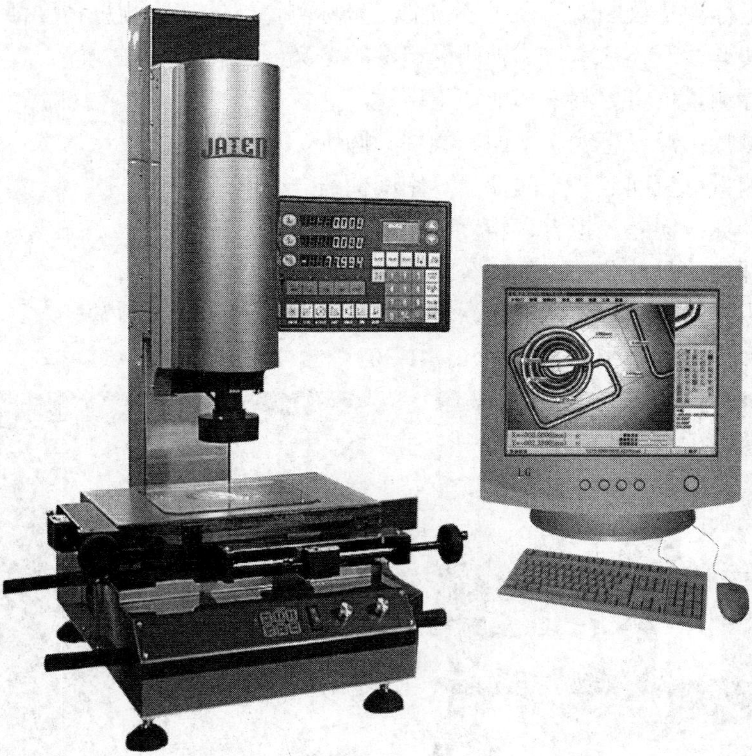

图 1-31　影像式测绘系统

项目二　轴类零件的测量

【项目导入】

轴类零件是机械产品中最常见的重要零件之一，其主要作用是用于支承、传动、传递转矩。

因此，对于各部位均应有配合尺寸及相关的位置技术要求。其中，内、外圆柱表面是主要的结构表面，同时也是技术测量的关键部位。

本项目主要介绍轴类零件的基础知识、直径的测量、长（宽）度的测量、圆柱面相关的位置度测量、锥度及斜度的测量、键槽的尺寸及位置度的测量、偏心轴的相关测量项目及测量方法和步骤。

【项目基础　轴类零件基础知识】

一、轴类零件的结构和功能分析

轴类零件是机械产品中最常见的重要零件之一，常用于支撑旋转的传动零件（齿轮、链轮、带轮等）、传递转矩、承受载荷。轴类零件是旋转体零件，其长度大于直径，一般由同心轴的外圆柱面、圆锥面、内孔和螺纹及相应的端面所组成。根据结构形状的不同，轴类零件可分为光轴、阶梯轴、空心轴和曲轴等（图 2-1）。

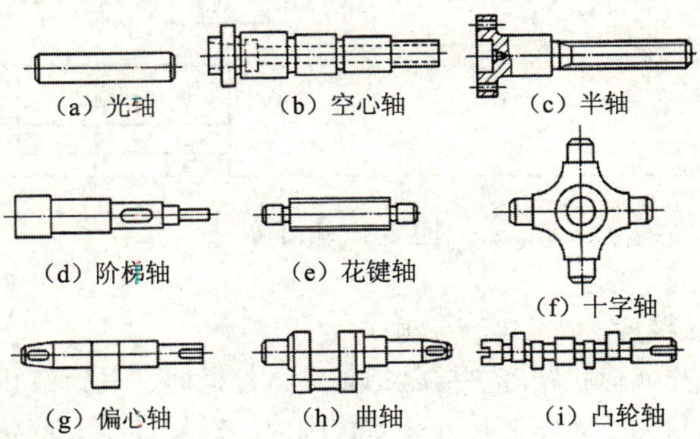

图 2-1　轴的种类

此外，轴的长径比小于 5 的称为短轴，大于 20 的称为细长轴，大多数轴介于两者之间。

二、轴类零件的技术要求

轴用轴承支承，与轴承配合的轴段称为轴颈。轴颈是轴的装配基准，它们的精度和表面质量一般要求较高，其技术要求一般根据轴的主要功用和工作条件制订，通常有以下几项。

1. 尺寸精度

起支撑作用的轴颈为了确定轴的位置，通常对其尺寸精度要求较高（IT5～IT7），如图 2-2 输出轴中 $\phi35^{+0.025}_{+0.009}$。装配传动件的轴颈尺寸精度一般要求较低（IT6～IT9）。

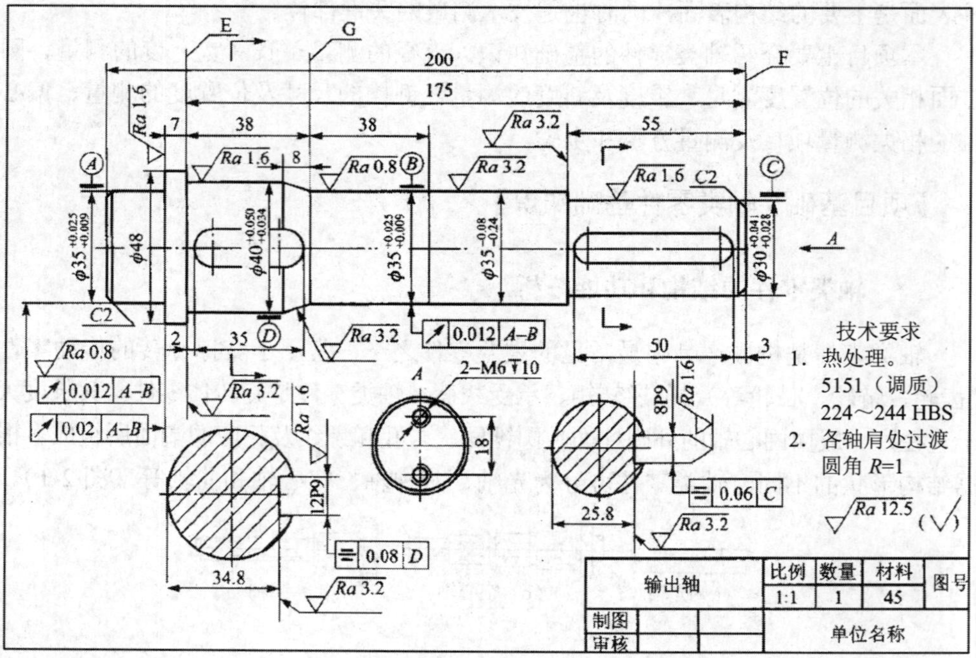

图 2-2 输出轴

2. 几何形状精度

轴类零件的几何形状精度主要是指轴颈、外锥面、莫氏锥孔等的圆度、圆柱度等，一般应将其公差限制在尺寸公差范围内。对精度要求较高的内外圆表面，应在图纸上标注其允许偏差。

3．相互位置精度

轴类零件的位置精度要求主要是由轴在机械中的位置和功用决定的。通常应保证装配传动件的轴颈对支承轴颈的同轴度要求，否则会影响传动件（齿轮等）的传动精度，并产生噪声。普通精度的轴，其配合轴段对支承轴颈的径向跳动一般为 0.01～0.03 mm，高精度轴（如主轴）通常为 0.001～0.005 mm。

4．表面粗糙度

一般与传动件相配合的轴径表面粗糙度为 *Ra* 2.5～0.63 μm，与轴承相配合的支承轴径的表面粗糙度为 *Ra* 0.63～0.16 μm。

三、轴类零件的检测项目

（1）直径的测量；

（2）长（宽）度的测量；

（3）圆柱面相关的位置度测量；

（4）锥度及斜度的测量；

（5）键槽的尺寸及位置度的测量；

（6）偏心轴的相关测量。

四、轴类零件的测量器具的选择

1．使用通用量具进行测量

常用的通用量具有：游标卡尺、外径千分尺、万能角度尺、游标深度尺、杠杆千分尺等。

2．使用机械式测微仪进行测量

机械式测微仪一般可采用百分表、千分尺表、正弦规、量块组等。

3．使用精密测微仪进行测量

通常使用的精密测微仪有立式光学计、卧式万能测长仪、万能工具显微镜、表面粗糙度检查仪等。

任务一　轴类零件直径、长度的测量

【知识目标】

1．了解传动轴直径、长度测量的内容及意义；

2．熟悉尺寸公差及其含义。

【技能目标】

1．熟悉传动轴直径、长度测量器具的选择；

2．学会正确使用游标卡尺和千分尺进行传动轴的直径和长度测量；并正确地对其测量结果进行合格性判断。

【测量基础】

一、线性尺寸（直径、长度）公差基础知识

1．基本尺寸

基本尺寸是设计给定的尺寸。如图 2-3（a）中的ϕ 30 mm。

2．实际尺寸

实际尺寸是零件制成后，通过测量所得的尺寸。

3．极限尺寸

极限尺寸是允许零件实际尺寸变化的两个界限值，其中较大的一个尺寸称为最大极限尺寸，较小的一个尺寸称为最小极限尺寸。

图 2-3（b）示出了轴ϕ 30 mm 的最大极限尺寸为ϕ 29.993 mm，最小极限尺寸为ϕ 29.980 mm。实际尺寸只要在这两个极限尺寸之间均为合格。

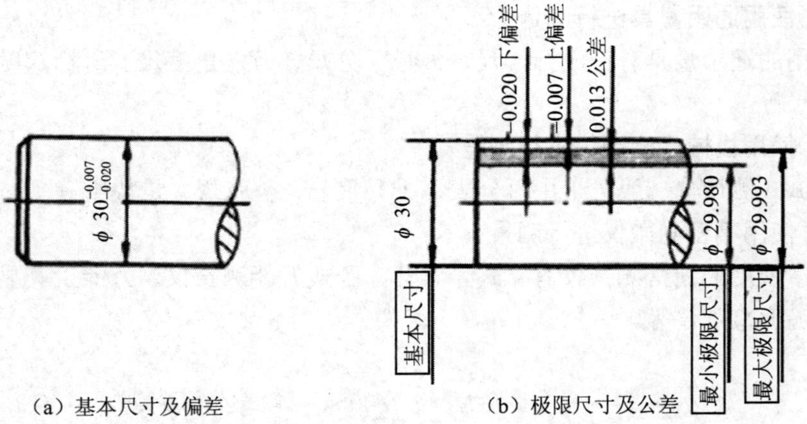

图 2-3　基本尺寸与极限尺寸

4．尺寸偏差

尺寸偏差（简称偏差）是某一尺寸减去基本尺寸所得的代数差。尺寸偏差有上偏差、下偏差（统称极限偏差）和实际偏差。

上偏差＝最大极限尺寸 － 基本尺寸

下偏差＝最小极限尺寸 － 基本尺寸

如图 2-3 所示的轴：上偏差＝（29.993–30）mm＝–0.007 mm

下偏差＝（29.980–30）mm＝–0.020 mm

国家标准规定：用代号 ES 和 es 分别表示孔和轴的上偏差；用代号 EI 和 ei 分别表示孔和轴的下偏差。偏差可以为正、负或零值。

实际尺寸减去基本尺寸的代数差称为实际偏差。零件尺寸的实际偏差在上、下偏差之间均为合格。

5．尺寸公差

尺寸公差（以下简称公差）是允许尺寸变动的量。

即公差＝最大极限尺寸–最小极限尺寸

或公差＝上偏差–下偏差

如图 2-3 所示的轴

公差＝（29.993–29.980）mm ＝0.013 mm

或　　公差＝[–0.007–（–0.020）] mm＝0.013 mm

由于最大极限尺寸总是大于最小极限尺寸，所以公差总是正值，且不能为零。

在零件图上，凡有公差要求的尺寸，通常不是标注两个极限尺寸，而是标注出基本尺寸和上、下偏差，见图 2-3（a）。

6．尺寸公差带

尺寸公差带（简称公差带）是表示公差大小和相对于零线位置的一个区域。

图 2-4（a）表示了一对互相结合的孔与轴的基本尺寸、极限尺寸、偏差、公差的相互关系。为简化起见，一般只画出孔和轴的上、下偏差围成的方框简图，称为公差带图，见图 2-4（b）。

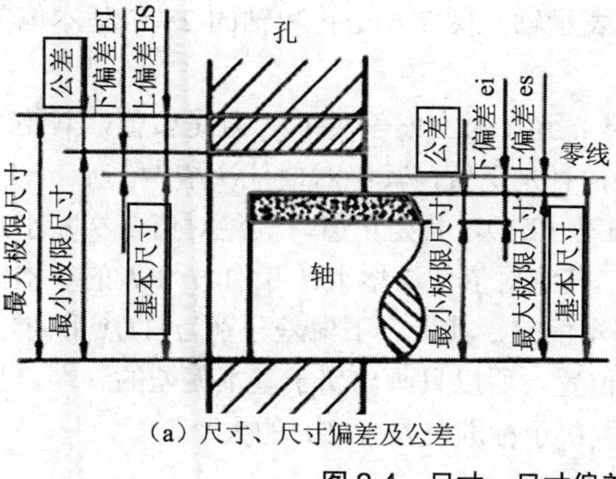

（a）尺寸、尺寸偏差及公差

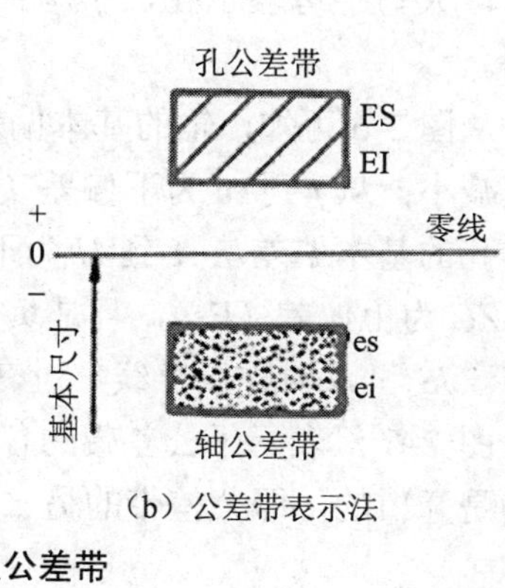

（b）公差带表示法

图 2-4　尺寸、尺寸偏差及公差带

在公差带图中，零线是表示基本尺寸的一条直线。当零线画成水平线时，正偏差位于零线的上方，负偏差位于零线的下方，偏差值的单位为微米。

7. 标准公差和基本偏差

《公差与配合》规定了公差带由标准公差和基本偏差两个要素组成。标准公差确定公差带的大小，而基本偏差确定公差带的位置，如图 2-5 所示。

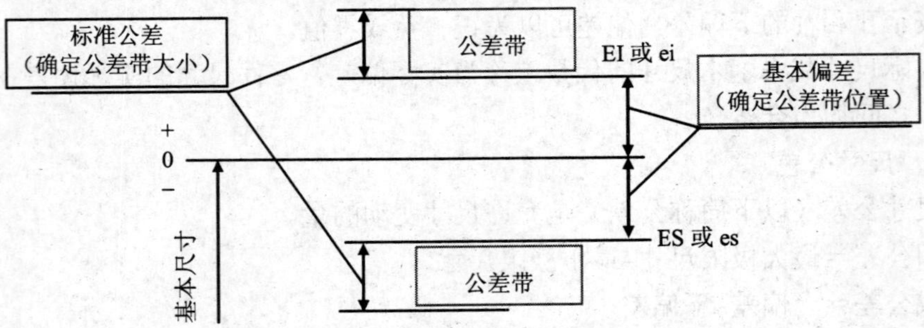

图 2-5　公差带大小及位置

（1）标准公差（IT）。

标准公差的数值由基本尺寸和公差等级来决定。其中公差等级是确定尺寸精确程度的等级。标准公差分为 20 级，即 IT01，IT0，IT1，…，IT18。其尺寸精确程度从 IT01 到 IT18 依次降低。标准公差的具体数值可查表得到。

（2）基本偏差。

基本偏差一般是指上下两个偏差中靠近零线的那个偏差，即当公差带位于零线上方时，基本偏差为下偏差；当公差带位于零线下方时，基本偏差为上偏差，见图 2-5。

国家标准对孔和轴均规定了 28 个不同的基本偏差。基本偏差代号用拉丁字母表示，大写字母表示孔，小写字母表示轴。图 2-6 是孔和轴的 28 个基本偏差系列图。

从图 2-6 可知，轴的基本偏差从 *a* 到 *h* 为上偏差（es），且是负值，其绝对值依次减小；从 *j* 到 *zc* 为下偏差（ei），且是正值，其绝对值依次增大。

孔的基本偏差从 *A* 到 *H* 为下偏差（E1），且是正值，其绝对值依次减小，从 *J* 到 *ZC* 为上偏差（Es），且是负值，其绝对值依次增大；其中 *H* 和 *h* 的基本偏差为零。*JS* 和 *js* 对称于零线，没有基本偏差，其上、下偏差分别为+IT/2 和−IT/2

图 2-6 只表示了公差带的各种位置，所以只画出属于基本偏差的一端，另一端则是开口的，即公差带的另一端取决于标准公差（IT）的大小。

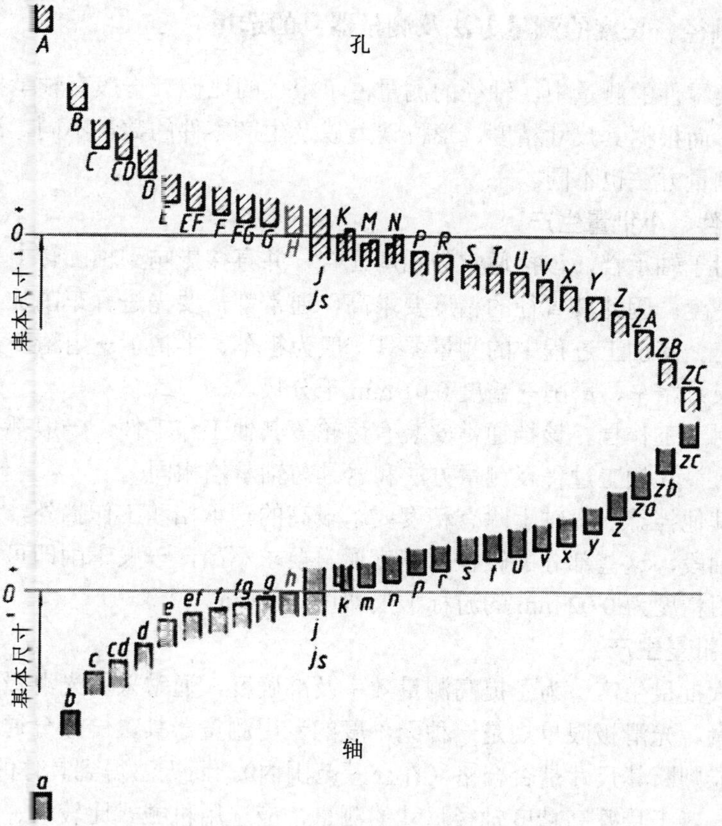

图 2-6 基本偏差系列

8．公差带代号

孔、轴的公差带代号由基本偏差代号和公差等级代号组成。

例：试说明ϕ 50H8、ϕ 50f7 的含义，如图 2-7 所示。

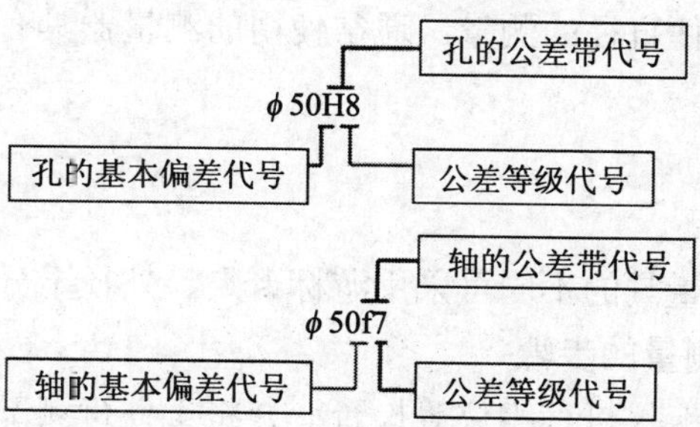

图 2-7 公差带代号

二、轴径、长度的测量方法及测量器具的选用

在轴类零件的测量中，轴径的测量占了很大的比例。一般有轴承挡、工作挡及其他挡。而根据其尺寸精度、形位误差以及生产零件的数量不同，测量所用的器具以及测量方法也不同。

1. 单件、小批量生产

（1）对于轴承挡，该挡通常与轴承配合，并直接影响到轴回转中心线的位置以及回转精度。因此其直径的精度要求高，通常都需要先进行车削加工然后再进行磨削加工。其加工过程中的测量器具一般为粗车、半精车→用精度为 0.02 mm 的游标卡尺；精车、磨削→精度 0.01 mm 千分尺。

（2）对于工作挡，该挡通常安装有齿轮等其他工作零件，一般都有较高的尺寸精度要求，其加工过程及测量方法和器具与轴承挡相同。

（3）其他挡。一般轴上除有精度要求较高的轴承挡和工作挡外，还有结构其他需要的轴段，这些部分的轴径的精度通常要求不高，一般车削即可满足，其测量器具选用精度为 0.02 mm 的游标卡尺即可。

2. 大批量生产

对于大批量生产，为了提高测量效率及准确度，通常采用光滑极限量规对轴径进行测量。光滑极限量规是一种无刻度的专用测量器具，一般分通规和止规，测量时只能判断其尺寸是否合格（在公差范围内），而无法得到具体的尺寸数值。

此外，对于特殊高精度轴径尺寸的测量，应选用机械式比较仪、光学计、万能测长仪、电动测微仪等高精度的测量仪器。

【测量内容】

一、测量器具的选择

对于一般轴类零件直径的测量，通常使用的测量器具有游标卡尺和外径千分尺及相关辅助工具。

二、测量

根据测量目标及量具的不同可采用游标卡尺、外径千分尺测量。

1. 用游标卡尺测量的步骤

（1）首先对游标卡尺进行零位等检查；并将工件待测部位擦拭干净。

（2）将卡脚张开并稍大于被测工件的待测尺寸。

（3）将游标卡尺的卡脚卡住工件待测部位，并确保尺身与轴线垂直。

（4）读出测量数值；读数时尽可能使视线与刻度线表面垂直。如阅读困难先将锁紧螺钉锁紧尺框，然后沿两个卡脚对称中心线方向轻轻取下卡尺，然后再正确读数，并作相应记录。

如图 2-8（a）所示为测量工作宽度、图 2-8（b）所示为测量工件外径、图 2-8（c）所示为测量工件内径、图 2-8（d）所示为测量工件深度。

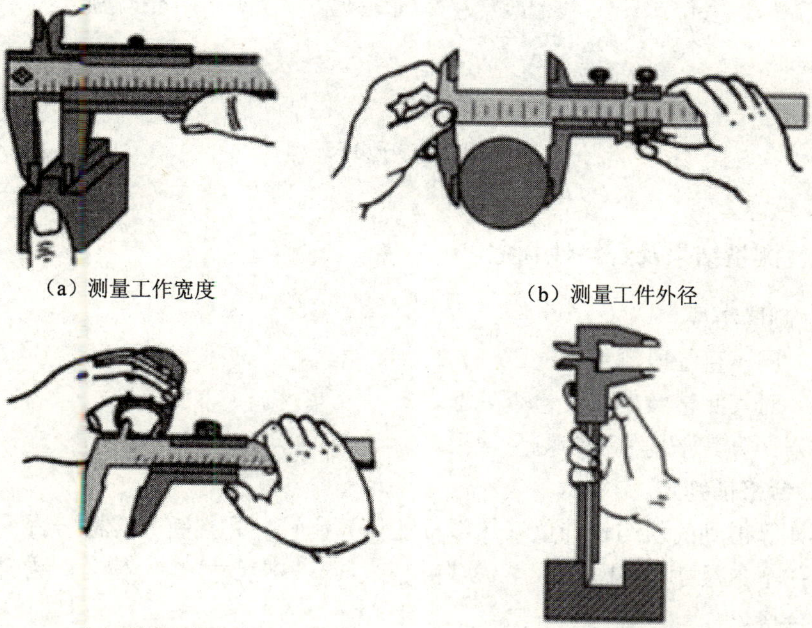

（a）测量工作宽度　（b）测量工件外径

（c）测量工件内径　（d）测量工件深度

图 2-8　直径、长度测量

2．用千分尺测量的步骤

（1）首先对千分尺（图 2-9）进行零位等检查；并将工件待测部位擦拭干净。

（2）然后将工件待测部位置于千分尺两测量砧面之间。并确保千分尺中心线（测微螺杆中心线）与工件中心线垂直。

（3）旋转微分筒，使得被测工件测量面与测量砧面接触。然后旋转测力旋钮，直至发出两三声“咔咔”声即可。

（4）轻轻取下千分尺，正确地读出千分尺指示数值即可。

说明：通常情况下，每个尺寸至少选两个（有一定间距的）截面，而每个截面选取两个相互垂直的方向进行测量。

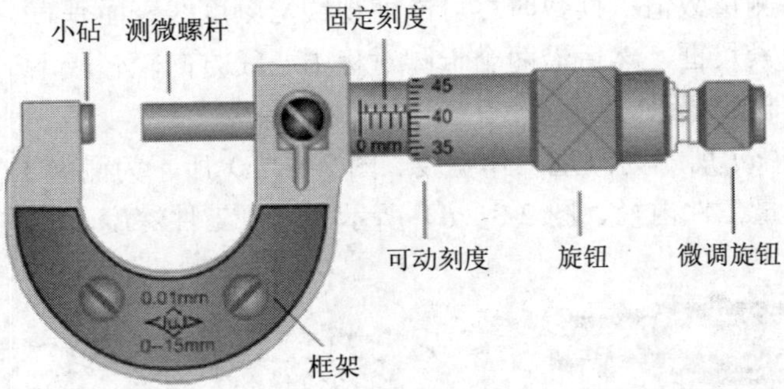

图 2-9　千分尺

三、测量结果及合格性判定

1. 测量结果

（1）同一直径段测量多次。

（2）对其测量数据认真检查处理。

（3）计算其平均值作为测量结果。

2. 合格性判定

将计算得到的值与设计值（图纸标注值）比较，并判断其合格与否。

如：基本尺寸 + 下偏差 ≤ 实际尺寸 ≤ 基本尺寸 + 上偏差，为合格；否则为不合格。

【测量训练】

一、测量训练内容

用游标卡尺测量轴的直径及长度（宽度）；用千分尺测量轴的直径。

二、测量训练要求

自主选择及使用测量器具；合理设计测量步骤；正确填写测量报告。

三、测量训练评价

学生应按要求独立完成计划和测量训练项目，并按表 2-1 评估打分。评估不合格者应重新申请训练、评估，直至评估通过。

表 2-1 传动轴直径、长度测量评价

学生姓名		班级		课程名称	机械测量技术	
专业		学号		项目名称	传动轴直径、长度测量	
评价方面		分值	自我评价	小组评价	教师评价	得分
基础知识	尺寸公差知识					
	极限尺寸知识					
	标准公差					
实训技能	测量器具使用方法正确					
	测量步骤设计合理					
	测量数据精确					
	数据处理及报告填写准确					
学习态度及遵章守纪	考勤情况					
	遵章守纪情况					
	团队精神					
实训评估记录	教师________ 日期________					

任务二　形位公差的测量

【知识目标】

1．熟悉轴类零件常见的形位公差种类。

2．熟悉同轴度、径向跳动和端面跳动公差的定义及意义。

【技能目标】

1．熟悉同轴度、径向跳动和端面跳动公差的测量方法。

2．学会正确使用偏摆仪、百分表、V 形块测量器具对形位公差进行测量；并正确地对其测量结果进行合格性判断。

【测量基础】

轴类零件的最基本、最常用的形位公差通常有同轴度公差、径向跳动和端面跳动。

测量内容一　同轴度测量

圆柱面（圆锥面）的轴线可能发生平移、倾斜、弯曲，同轴度用于控制被测轴线（或圆心）与基准轴线（圆心）的重合程度。同轴度公差是被测轴线（或圆心）与基准轴线（圆心）的允许变动量。同轴度公差带是直径为公差值 t 且与基准轴线同轴的圆柱面内的区域。如图 2-10 所示，台阶轴要求ϕd 的轴线必须位于直径为公差值 t mm，且与基准轴线同轴的圆柱面内。ϕd 的实际轴线应位于此公差带内。

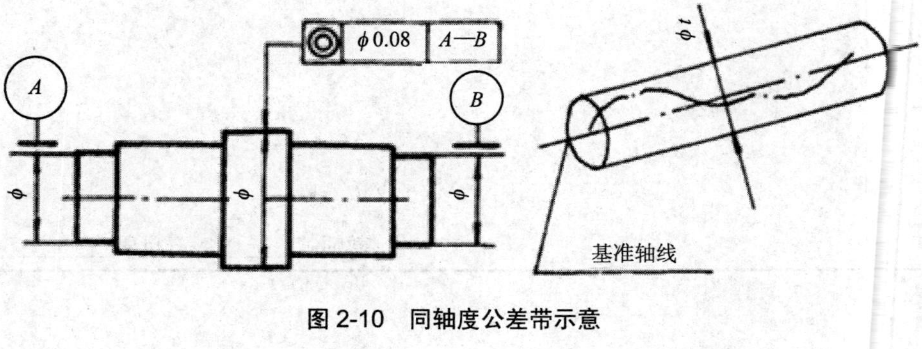

图 2-10　同轴度公差带示意

测量内容二 圆跳动公差测量

1．径向圆跳动的公差带定义

公差带是在垂直于基准轴线的任一测量平面内，半径差为公差值 t，且圆心在基准轴线上的两个同心圆之间的区域，如表 2-2 所示。

2．端面圆跳动的公差带定义

公差带是在与基准轴线同轴的任一直径位置的测量圆柱面上沿母线方向宽度为 t 的圆柱面区域，如表 2-2 所示。

表 2-2 圆跳动公差含义

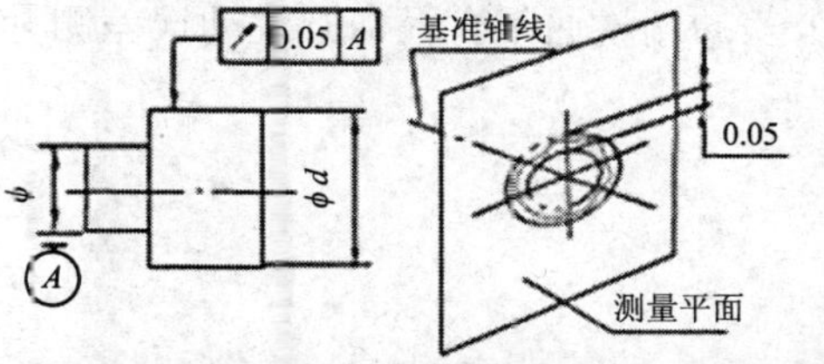	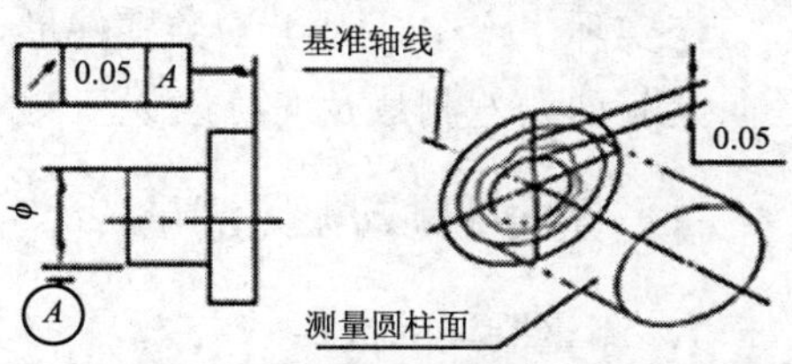
图例：ϕd 圆柱面绕基准轴线作无轴向移动回转时，在任一测量平面内的径向跳动量均不得大于公差值 0.05	图例：当零件绕基准轴线作无轴向移动回转时，在右端面上任一测量直径处的轴向跳动量均不得大于公差值 0.05

测量内容三 轴类零件键槽对称度的测量

公差带定义——公差带是距离为公差值 t，且相对基准中心平面（或中心线、轴线）对称配置的两平行平面（或直线）之间的区域，若给定互相垂直的两个方向，则是正截面为公差值 $t_1 \times t_2$ 的四棱柱内的区域，其具体含义见表 2-3。

表 2-3 对称度含义

面对面	线对面
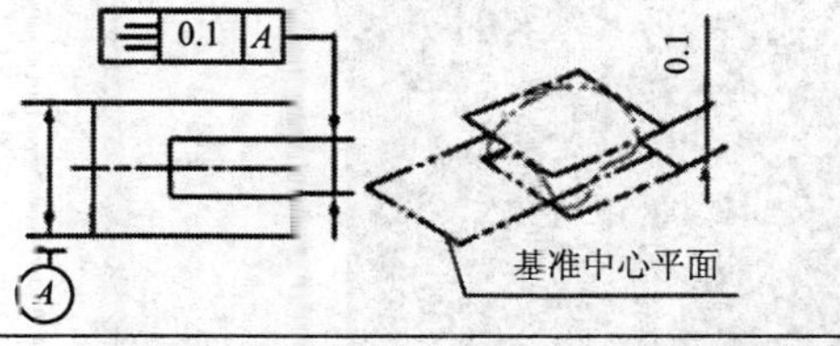	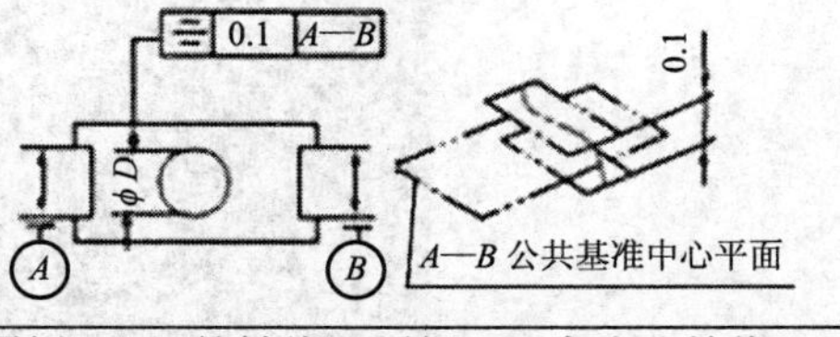
图例：槽的中心面必须位于距离为公差值 0.1，且相对基准平面对称配置的两平行平面之间	图例：ϕD 的轴线必须位于距离为公差值 0.1，且相对 A—B 公共基准中心平面对称配置的两平行平面之间

面对线	线对线
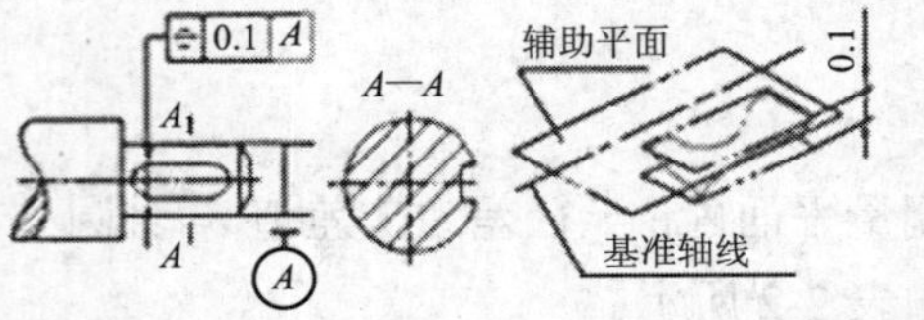	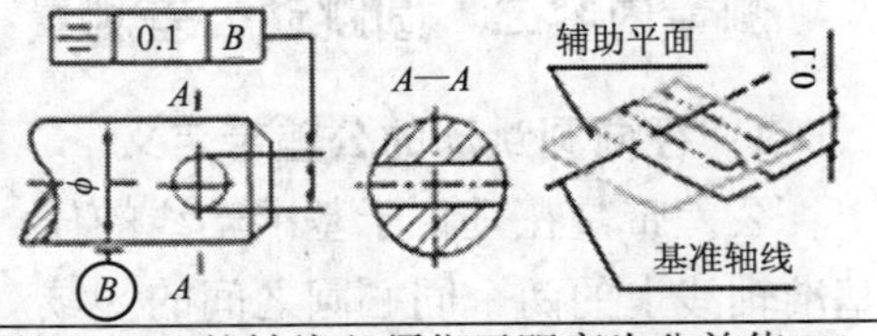
图例：键槽的中心面必须位于距离为公差值 0.1 的两平行平面之间，该平面对称配置在通过基准轴线的辅助平面两侧	图例：ϕD 的轴线必须位于距离为公差值 0.1，且相对通过基准轴线的辅助平面对称配置的两平行平面之间

【测量内容】

在实际生产中，对于轴类零件形位公差的测量通常有径向圆跳动误差测量、径向全跳动误差测量及对称度误差测量。

一、径向圆跳动误差测量

1．测量器具的选择

径向圆跳动误差测量通常选用的测量器具有百分表、表座、表架、偏摆仪（或刃口状 V 形块）、平板，以及被测件、全棉布数块、防锈油等。

2．测量步骤

（1）将准备好的刃口状 V 形块放置在平板上，并调整水平（或调整偏摆仪两顶尖之间的距离）。

（2）将被测轴放在一对等高的 V 形块上，并在轴向定位；如图 2-11 所示（或将工件安装在偏摆仪两顶尖之间，如图 2-12 所示）。

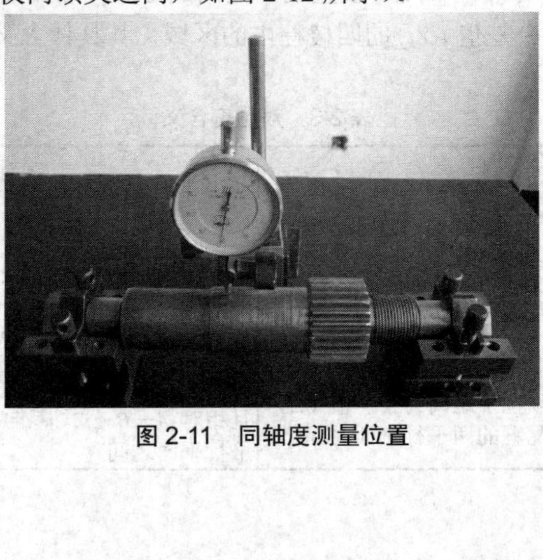

图 2-11　同轴度测量位置

图 2-12 用偏摆仪测量位置

（3）安装好百分表、表座、表架，调节百分表，使测头与工件被测外表面接触，并有 1～2 圈的压缩量。

（4）缓慢而均匀地转动工件一周，并观察百分表指针的波动，取得最大读数 M_{max} 与最小读数 M_{min} 值。

（5）按上述方法测量若干不同截面，取各截面测得的最大读数 M_{imax} 与最小读数 M_{imin} 值。

3．测量结果及合格性判定

（1）先计算出单个测量截面上的径向圆跳动误差值，即 $\Delta=(M_{max}-M_{min})$。

（2）取各截面上测得的径向圆跳动误差值中的最大值，作为该零件的径向圆跳动误差值。

（3）将测得的径向圆跳动误差值与设计要求值比较，并判断其合格与否。

（4）按步骤完成测量并将被测件的相关信息及测量结果填入检测报告单中。

二、径向全跳动误差测量

用与径向圆跳动误差测量同样方法测量若干不同截面，记录每个截面的最大与最小值，所有测量值中的最大值 M_{imax} 与最小值 M_{imin} 之差为该被测零件的径向全跳动误差。其测量过程等与径向圆跳动误差测量完全相同。

三、轴类零件键槽对称度的测量

1．测量器具的选择

轴类零件键槽对称度的测量使用的测量器具通常有百分表、磁性表座、V 形块（根据轴的直径选择）、标准量块或定位块、平板等。

2．测量步骤

（1）将 V 形块放在平板的合适位置上；

（2）将标准量块或定位块装入键槽；

（3）将待测轴放置在 V 形块上，并使量块表面基本水平；

（4）将百分表夹持在表架上，并按量块表面调整表头的高度；

（5）量杆测头压在量块上表面（有一定的压缩量），并沿垂直轴线的方向移动，结合读数变化，转动被测轴，最终使得该表面与平板表面平行，如图 2-13 所示；

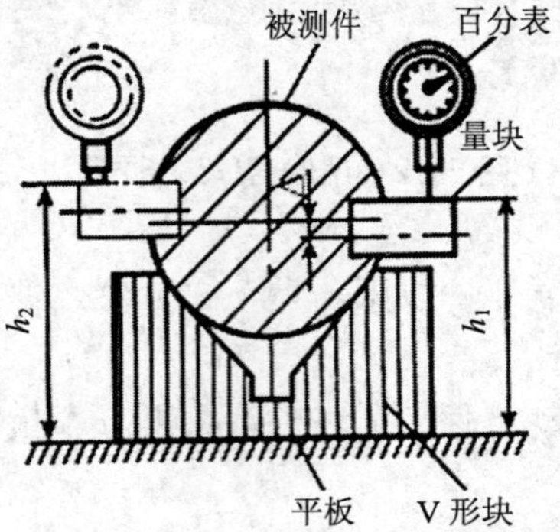

图 2-13　键槽对称度测量

（6）测出键槽长度两端量块表面与平板表面的距离 $h_{左1}$ 和 $h_{右1}$；

（7）将轴旋转 180°，重复（5）的操作；

（8）测出键槽长度两端量块另一表面与平台表面的距离 $h_{左2}$ 和 $h_{右2}$。

3．数据计算

对称度误差公式为：

$$f=[d（\Delta_1-\Delta_2）+2\Delta_2\times t]/（d-t）$$

式中，d ——轴的直径；

t ——键槽宽度；

Δ_1=（$h_{左1}-h_{左1}$）/2；

Δ_2=（$h_{右1}-h_{右2}$）/2。

说明：以绝对值大者为 Δ_1，小者为 Δ_2。

4．测量结果及合格性判定

（1）在键槽的长度方向多处测量，按照前面的方法分别求出每一横截面的对称度误差值，取其中的最大值作为被测键槽的对称度误差。

（2）将计算得到的差值与设计值（图纸标注值）比较，并判断其合格与否。

（3）填写检测报告。

【测量训练】

一、测量训练内容

（1）轴的圆跳动误差测量；
（2）轴的全跳动误差测量；
（3）轴上键槽对称度误差测量；

二、测量训练要求

（1）自主选择及使用测量器具；
（2）合理设计测量步骤；
（3）正确填写测量报告。

三、测量训练评价

学生应按要求独立完成计划和测量训练项目，并按表 2-4 评估打分。评估不合格者应重新申请训练、评估，直至评估通过。

表 2-4　传动轴形位公差测量评价

<table>
<tr><td>学生姓名</td><td></td><td>班级</td><td colspan="2"></td><td>课程名称</td><td colspan="2">机械测量技术</td></tr>
<tr><td>专业</td><td></td><td>学号</td><td colspan="2"></td><td>项目名称</td><td colspan="2">传动轴形位公差测量</td></tr>
<tr><td>评价方面</td><td colspan="2"></td><td>分值</td><td>自我评价</td><td>小组评价</td><td>教师评价</td><td>得分</td></tr>
<tr><td rowspan="3">基础知识</td><td colspan="2">轴的圆跳动测量知识</td><td></td><td></td><td></td><td></td><td></td></tr>
<tr><td colspan="2">轴的同轴度测量知识</td><td></td><td></td><td></td><td></td><td></td></tr>
<tr><td colspan="2">轴的对称度测量知识</td><td></td><td></td><td></td><td></td><td></td></tr>
<tr><td rowspan="4">实训技能</td><td colspan="2">测量器具使用方法正确</td><td></td><td></td><td></td><td></td><td></td></tr>
<tr><td colspan="2">测量步骤设计合理</td><td></td><td></td><td></td><td></td><td></td></tr>
<tr><td colspan="2">测量数据精确</td><td></td><td></td><td></td><td></td><td></td></tr>
<tr><td colspan="2">数据处理及报告填写准确</td><td></td><td></td><td></td><td></td><td></td></tr>
<tr><td rowspan="3">学习态度及遵章守纪</td><td colspan="2">考勤情况</td><td></td><td></td><td></td><td></td><td></td></tr>
<tr><td colspan="2">遵章守纪情况</td><td></td><td></td><td></td><td></td><td></td></tr>
<tr><td colspan="2">团队精神</td><td></td><td></td><td></td><td></td><td></td></tr>
<tr><td>实训评语记录</td><td colspan="7">

教师__________ 日期__________</td></tr>
</table>

任务三　轴类零件锥度的测量

【知识目标】

1．熟悉斜度和锥度基础知识；
2．了解正弦规机构及原理。

【技能目标】

1．熟悉正弦规的使用方法及测量数据的处理；
2．熟悉用正弦规测量轴的锥度，并正确评定其合格性。

【测量基础】

一、锥度的概念

通常指（正）圆锥体底圆直径与锥高之比。如是圆锥台，则为上、下直径之差与台高之比。锥度=2×tan α =D/L=（$D-d$）/ l。在图纸上，锥度以 1∶n 的简化形式标注。如图 2-14 所示。

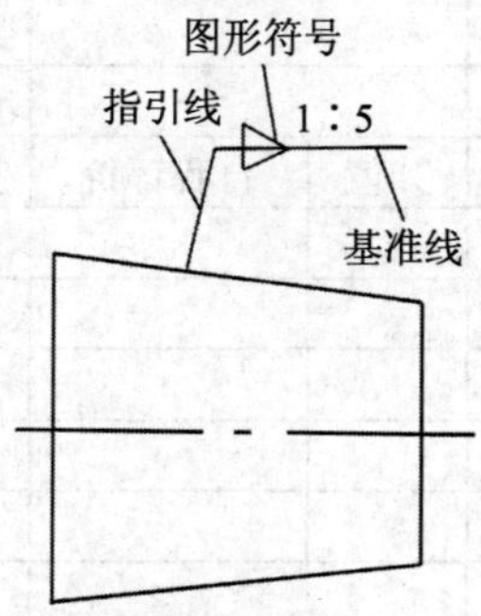

图 2-14　锥度的标注

二、圆锥公差

1．圆锥直径公差

通常指圆锥直径允许的变动量。它适用于圆锥全长。其公差带为两个极限圆锥所限定的区域。如图 2-15 所示。

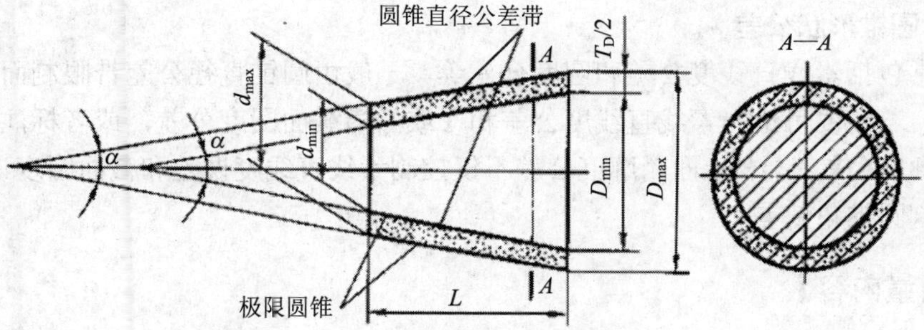

图 2-15 圆锥直径公差

2．给定截面圆锥直径公差

通常是指在垂直于圆锥轴线的给定截面内圆锥直径的允许变动量。它仅适用于该给定截面的圆锥直径。其公差带是在给定的截面内两同心圆所限定的区域。如图 2-16 所示。

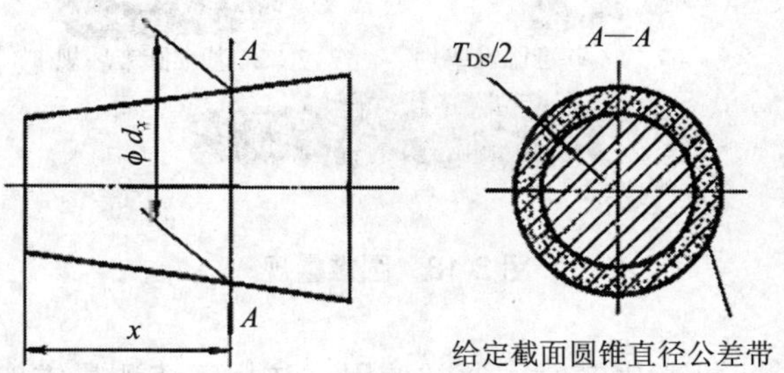

图 2-16 给定截面圆锥直径公差

3．圆锥角公差

通常是指圆锥角的允许变动量。有两种表示方式，以弧度或角度值时用 AT_α 表示；以长度为单位时用 AT_D 表示。如图 2-17 所示。

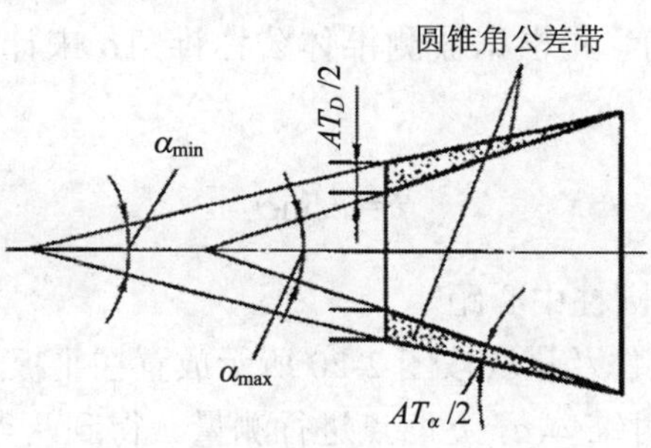

图 2-17 圆锥角公差

4. 圆锥形状公差

通常包括素线直线度公差和圆度公差等。一般由圆锥直径公差带限制而不单独给出。若需要可给出素线直线度公差和（或）横截面圆度公差，或者标注圆锥的面轮廓度公差。显然，面轮廓度公差不仅控制素线直线度误差和截面圆度误差，而且控制圆锥角偏差。

【测量内容】

一、测量器具的选择

（1）大批量生产条件下，圆锥的检验多用圆锥量规见图 2-18。

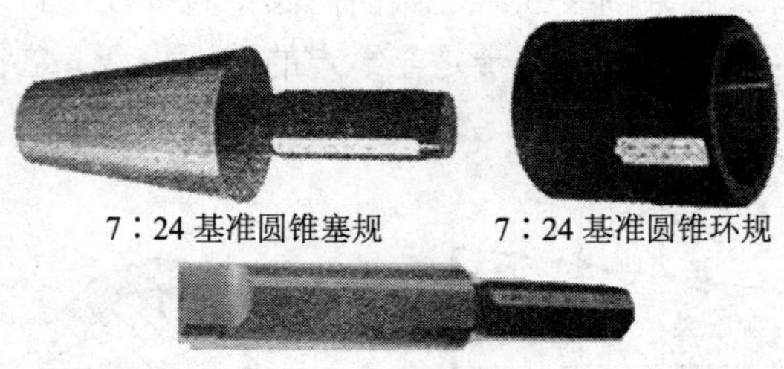

图 2-18　圆锥量规

（2）一般单件小批量生产时，通常使用正弦规间接测量锥度偏差，测量时需要和量块、百分表等量具配合使用，它可以精确地测量锥角和锥度的偏差。

① 正弦规结构。正弦规是用于准确测量零件或量规角度和锥度的重要测量工具。如图 2-19 所示，其主要由一精密平面（工作面）的主体、两个精密圆柱和挡板组成。

② 测量原理。正弦规测量锥度的原理如图 2-19 所示。它运用三角形的正弦函数为基础。测量前，先根据被测锥体公称锥角 α 来计算量块组合的高度 h。即

$$h=L\sin\alpha$$

式中，L ——正弦规两圆柱中心距。

然后将正弦规及工件及量块按图 2-20 所示放置在平板上（量块组垫在一端圆柱下面）；再用百分表对锥体 a，b 两点进行测量。得到两点测量值 h_a、h_b。

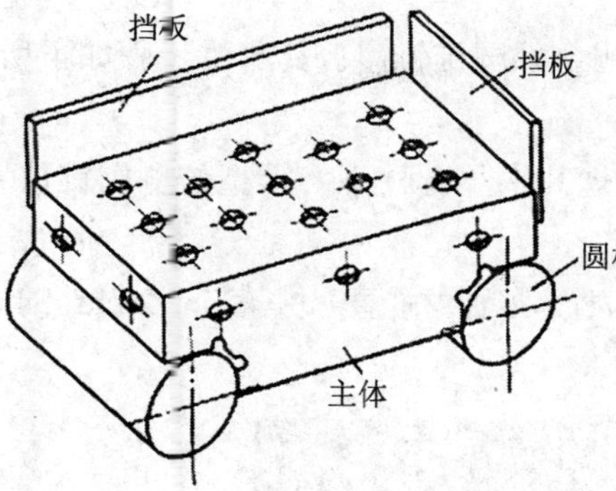

图 2-19 正弦规结构示意

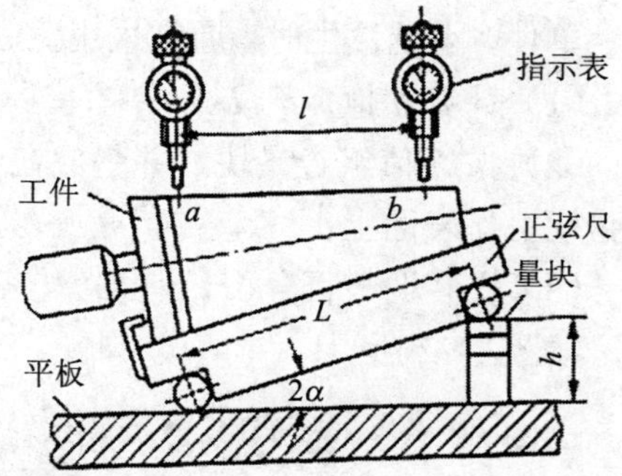

图 2-20 测量外圆锥角

则锥度差 $\Delta C=\Delta h/l=(h_a-h_b)/l$

锥角偏差 $\Delta\alpha\approx\tan(\Delta\alpha)=\Delta h/l$

$$\Delta\alpha=206\,265\times\Delta C\approx2\times10^5\times\Delta C$$

式中，l —— a、b 两测量点间的距离。

二、测量步骤

1．量规检验法

大批量生产时，通常采用圆锥量规用来检验实际内、外圆锥工件的锥度和直径偏差。检验内圆锥用圆锥塞规，检验外圆锥用圆锥环规，如图 2-21 所示。其测量及合格性判定相当简单。

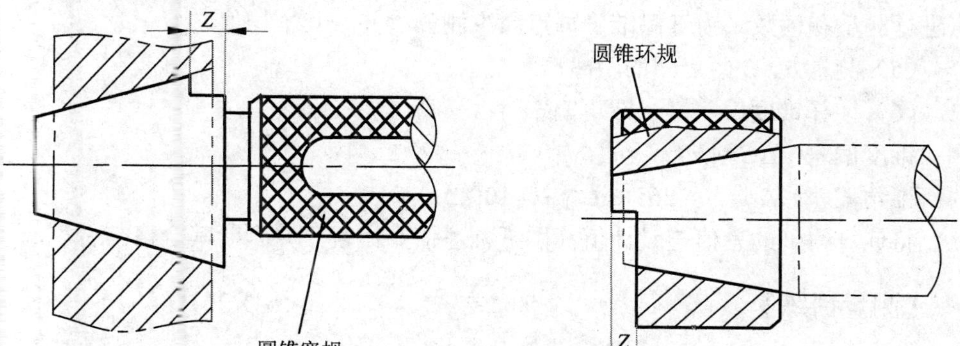

图 2-21 量规检验

2．用正弦规检测法

单件、小批量生时，通常采用正弦规测量外圆锥锥度。其测量步骤如下所述。

（1）计算 h 值：$h= L\sin\alpha$；

（2）按 h 值组合量块，并垫放在正弦规其中一圆柱下；再把被测圆锥放置在正弦规工作表面上；

（3）安装调整百分表，使表头与工件表面及轴线垂直，并有 1～2 mm 的压缩量，如图 2-22 所示；

图 2-22　正弦规测量外圆锥锥度

（4）移动百分表架，分别在距两端不小于 2 mm 的被测锥体素线上的 a、b 两点进行测量和读数（为确保准确每点至少测三次并取其平均值）；

（5）测量 a、b 两点间的距离；

（6）计算锥度偏差值、锥角偏差值；

锥度偏差：$\Delta C=\Delta h/l=(h_a-h_b)/l$

锥角偏差：$\Delta\alpha=206\ 265\times\Delta C\approx 2''\times10^5\times\Delta C$

将计算得到的差值与设计值（图纸标注值）比较，并判断其合格与否。

【测量训练】

一、测量训练内容

正弦规测量外圆锥锥度。

二、测量训练要求

（1）自主选择及使用测量器具；
（2）合理设计测量步骤；
（3）正确填写测量报告。

三、测量训练评价

学生应按要求独立完成计划和测量训练项目，并按表 2-5 评估打分。评估不合格者应重新申请训练、评估，直至评估通过。

表 2-5 传动轴锥度测量评价

<table>
<tr><td>学生姓名</td><td></td><td>班级</td><td colspan="2"></td><td>课程名称</td><td colspan="2">机械测量技术</td></tr>
<tr><td>专业</td><td></td><td>学号</td><td colspan="2"></td><td>项目名称</td><td colspan="2">传动轴锥度测量</td></tr>
<tr><td>评价方面</td><td colspan="2"></td><td>分值</td><td>自我评价</td><td>小组评价</td><td>教师评价</td><td>得分</td></tr>
<tr><td rowspan="2">基础知识</td><td colspan="2">锥度知识</td><td></td><td></td><td></td><td></td><td></td></tr>
<tr><td colspan="2">轴的锥度测量知识</td><td></td><td></td><td></td><td></td><td></td></tr>
<tr><td rowspan="4">实训技能</td><td colspan="2">测量器具使用方法正确</td><td></td><td></td><td></td><td></td><td></td></tr>
<tr><td colspan="2">测量步骤设计合理</td><td></td><td></td><td></td><td></td><td></td></tr>
<tr><td colspan="2">测量数据精确</td><td></td><td></td><td></td><td></td><td></td></tr>
<tr><td colspan="2">数据处理及报告填写准确</td><td></td><td></td><td></td><td></td><td></td></tr>
<tr><td rowspan="3">学习态度及遵章守纪</td><td colspan="2">考勤情况</td><td></td><td></td><td></td><td></td><td></td></tr>
<tr><td colspan="2">遵章守纪情况</td><td></td><td></td><td></td><td></td><td></td></tr>
<tr><td colspan="2">团队精神</td><td></td><td></td><td></td><td></td><td></td></tr>
<tr><td>实训评估记录</td><td colspan="7">教师________ 日期________</td></tr>
</table>

任务四　轴类零件偏心距的测量

【知识目标】

1．熟悉偏心轴（类）零件的基础知识；
2．掌握偏心轴（类）零件偏心距的测量原理。

【技能目标】

1．学会根据直接测量原理测量偏心距；
2．学会根据间接测量原理测量偏心距。

【测量基础】

一、偏心零件的概念

同一零件上外圆与外圆或内孔的轴线平行但不重合（偏出一个距离）的零件称为偏心零件。

二、分类

1．偏心轴
外圆与外圆轴线不重合的轴称为偏心轴。
2．偏心套
外圆与内孔的轴线平行但不重合的套类零件称为偏心套。

三、偏心零件的作用

机械转动⟺往复直线运动。

四、偏心零件的技术要求

相关两轴的平行度；相关两轴的偏心距。

【测量训练】

一、测量器具的选择

1．直接测量

（1）应用场合。

两端有中心孔；且偏心距较小。

（2）测量器具。

百分表、磁性表座、偏摆仪、平板。

2．间接测量

（1）应用场合。

两端无中心孔；或偏心距较大。

（2）测量器具。

百分表、磁性表座、偏摆仪、平板。

二、测量

1．直接测量

（1）将固定顶针座锁紧在仪器底座上，如图 2-23（a）所示。

（2）按被测零件的长度将活动顶针座固定在底座的合适位置。

（3）压下活顶针，安装工件。

（4）锁紧活动顶针。

（5）将表座固定在偏心圆柱相应的位置。

（6）将百分表测头置于偏心圆柱最上端，并有一定压缩量。转动被测轴，测出并记录读数的最大值和最小值。

2．间接测量

（1）将 V 形块放在平板的合适位置上，如图 2-23（b）所示。

（2）将被测轴主轴段置于 V 形块中。

（3）将装有百分表的表座固定于偏心轴（段）对应的位置。

（4）将百分表测头置于偏心圆柱段，并有一定压缩量。转动被测轴，找出最高点并将轴固定。

（5）移动表座至基准轴对应的位置。测出基准圆柱与偏心圆柱外圆间的距离 a。

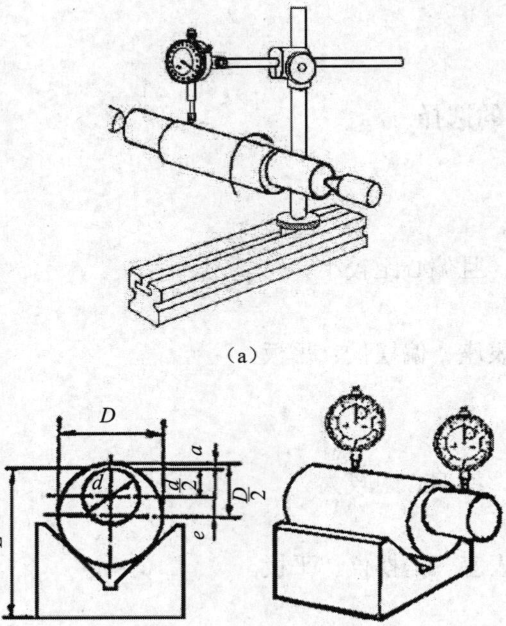

（a）

（b）

图 2-23　偏心距测量

三、测量结果及合格性判定

1．测量结果

（1）直接测量。

偏心距 =（最大读数值 － 最小读数值）/2

（2）间接测量。

$$e=(D-d)/2-a$$

式中，D ——基准轴直径；

d ——偏心轴直径；

a ——基准圆柱与偏心圆柱外圆间的距离。

2．合格性判定

将计算得到的差值（测量结果）与设计值（图纸标注值）比较，并判断其合格与否。

【测量训练】

一、测量训练内容

（1）轴类零件偏心距的直接测量；
（2）轴类零件偏心距的间接测量。

二、测量训练要求

（1）自主选择及使用测量器具；
（2）合理设计测量步骤；
（3）正确填写测量报告。

三、测量训练评价

学生应按要求独立完成计划和测量训练项目，并按表 2-6 评估打分。评估不合格者应重新申请训练、评估，直至评估通过。

表 2-6 偏心轴偏心距测量评价

<table>
<tr><td>学生姓名</td><td></td><td>班级</td><td colspan="2"></td><td>课程名称</td><td colspan="2">机械测量技术</td></tr>
<tr><td>专业</td><td></td><td>学号</td><td colspan="2"></td><td>项目名称</td><td colspan="2">偏心轴偏心距测量</td></tr>
<tr><td>评价方面</td><td colspan="2"></td><td>分值</td><td>自我评价</td><td>小组评价</td><td>教师评价</td><td>得分</td></tr>
<tr><td rowspan="2">基础知识</td><td colspan="2">偏心距</td><td></td><td></td><td></td><td></td><td></td></tr>
<tr><td colspan="2">轴的偏心距测量知识</td><td></td><td></td><td></td><td></td><td></td></tr>
<tr><td rowspan="4">实训技能</td><td colspan="2">测量器具使用方法正确</td><td></td><td></td><td></td><td></td><td></td></tr>
<tr><td colspan="2">测量步骤设计合理</td><td></td><td></td><td></td><td></td><td></td></tr>
<tr><td colspan="2">测量数据精确</td><td></td><td></td><td></td><td></td><td></td></tr>
<tr><td colspan="2">数据处理及报告填写准确</td><td></td><td></td><td></td><td></td><td></td></tr>
<tr><td rowspan="3">学习态度及遵章守纪</td><td colspan="2">考勤情况</td><td></td><td></td><td></td><td></td><td></td></tr>
<tr><td colspan="2">遵章守纪情况</td><td></td><td></td><td></td><td></td><td></td></tr>
<tr><td colspan="2">团队精神</td><td></td><td></td><td></td><td></td><td></td></tr>
<tr><td>实训评估记录</td><td colspan="7">教师________ 日期________</td></tr>
</table>

项目三　套类零件的测量

【项目导入】

套类零件是机械中常见的一种典型零件。其常见的有：用于支承旋转轴的各种形式的滑动轴承、夹具上引导孔加工刀具的导向套、内燃机上的汽缸套、液压系统中的液压缸以及一般用途的套筒等。套类零件参数的精度将直接影响机械装备的运转、工作精度。

本项目主要介绍了套类零件的基础知识；套类零件的常规测量项目一般测量方法、步骤及测量器具的选用等相关基础知识。

【项目基础　套类零件的基础知识】

一、套类零件的结构特点

套类零件是机械产品中常见的一种零件的类型，其结构的主要特点为零件有精度要求较高的内、外圆，且一般孔长大于直径；此外，其壁厚一般不大，加工过程中易变形。

套类零件在机械产品中的功用不同，其结构、尺寸也有所差异。常见的种类如图 3-1 所示。

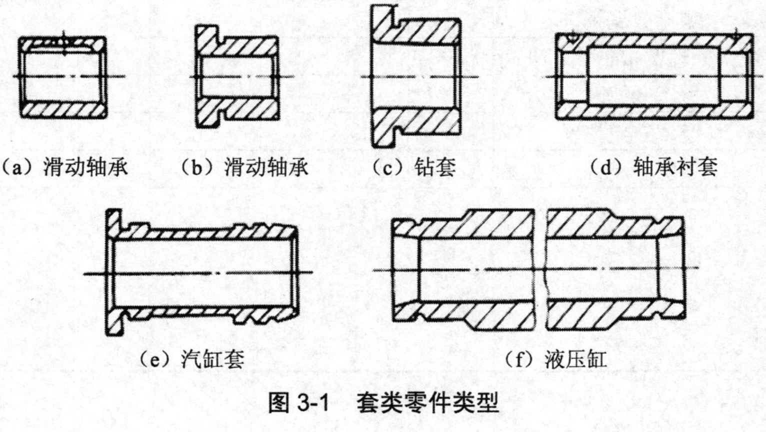

（a）滑动轴承　（b）滑动轴承　（c）钻套　（d）轴承衬套

（e）汽缸套　（f）液压缸

图 3-1　套类零件类型

二、套类零件的技术要求

套类零件的主要表面是孔和外圆，套类零件的外圆表面多以过盈配合或过度配合与机架或箱体孔相配合起支撑作用。内孔主要起导向作用或支撑作用，常与运动轴、主轴、活塞、滑阀相配合，有些套的端面或凸缘端面有定位或支撑载荷的作用。因此其主要技术要求有如下几类。

1．孔的技术要求

套类零件的孔通常为主要工作面，精度要求相对较高。

（1）直径尺寸精度。

直径尺寸公差一般为IT7；精密轴套取IT6；缸类直径尺寸公差要求较低，通常取IT9，如汽缸和液压缸。

（2）孔的形状精度。

孔的形状精度原则上应控制在孔径公差以内，一些精密轴套控制在孔径公差1/3～1/2，甚至更严。对于长的轴筒，除了圆度要求外，还应注意孔的圆柱度。

（3）表面质量。

为了保证零件功用和提高其耐磨性，孔的表面粗糙度值为 *Ra* 1.6～0.16 μm，有的要求更高，可达 *Ra* 0.04 μm。

2．外圆表面的技术要求

外圆是套类零件的支承面，常以过盈配合或过度配合同箱体或机架上的孔相连接。外径尺寸公差等级通常取IT 6～7，形状精度控制在外径公差以内，表面粗糙度值为 *Ra* 3.2～0.63 μm。

3．孔与外圆的同轴度要求

由于套类零件在机器中安装通常都是以外圆定位，因此，孔与外圆的同轴度直接影响孔在机器中的位置精度，其要求较高，一般为0.01～0.05 mm。有些安装精度要求高的，将轴套装入机座后还需精镗加工。这类套类零件安装前的孔与外圆间的同轴度要求则相对较低。

4．孔轴线与端面的垂直度要求

轴套的端面（包括凸缘端面），若在工作中承受轴向载荷，或虽不承受载荷，但在装配或加工中作为定位基准时，因此端面与孔轴线垂直度一般要求较高，一般为0.01～0.05 mm。

如图3-2所示为一典型套类零件的技术要求示例。

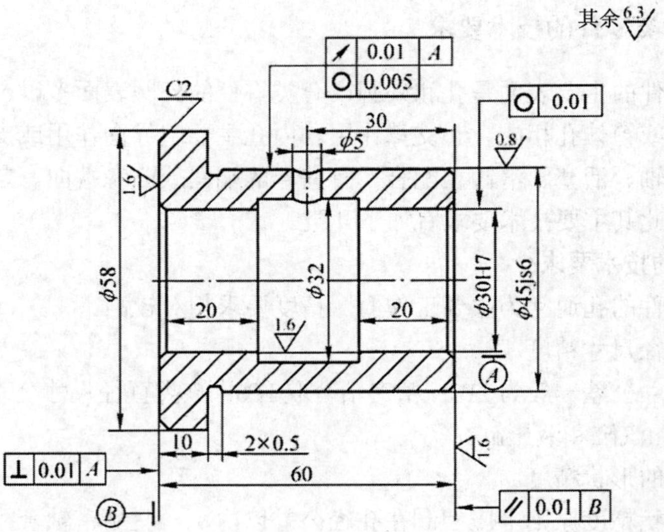

图 3-2 套类零件的技术要求

三、套类零件测量项目分析

1．套类零件的测量项目

根据对套类零件技术要求的分析，其测量项目通常有：

（1）孔径的测量；

（2）深（长）度的测量；

（3）形位误差（圆度、圆柱度）的测量；

（4）表面粗糙度的测量。

2．套类零件的测量方法及器具的选用

（1）用通用量具进行测量。

通用量具可选用游标卡尺、深度游标卡尺、内径千分尺、内径百分表、内径千分表等。

（2）用测量仪器精密测量。

测量仪器可选用万能工具显微镜、卧式万能测长仪、表面粗糙度检查仪、干涉显微镜等。

任务一 套类零件孔径的测量

【知识目标】

1. 熟悉内径百分表的结构原理；
2. 了解塞规结构、原理。

【技能目标】

1. 掌握孔径测量器具的选择；
2. 掌握用内径百分表对孔径进行测量的操作方法；并正确地对其测量结果进行合格性判断。

【测量基础】

内孔通常是套类零件的主要工作表面，也是最重要的测量项目之一。

一、测量方法

在实际生产中，根据生产批量的大小、孔径精度的高低及尺寸大小，其孔径的测量方法有多种。

（1）对于大批量生产零件孔径的测量，通常采用光滑极限量块进行检测；

（2）对于精度低的（如粗加工时）孔径测量，通常采用游标卡尺进行测量；

（3）对于中等精度的孔径测量，通常采用内径千分尺、杠杆千分尺进行测量；

（4）对于高精度的孔径测量，则可选择机械比较仪、气动量仪、万能测长仪等进行测量检验。

二、测量器具

（1）对于大批量生产，为了提高测量效率及准确度，套类零件孔径的测量通常采用塞规如图 3-3 所示。其主要有分别在两端的通规和止规及中间的握持段组成。其通规尺寸按被测孔径的下限尺寸精确制造，通常标注“T”；止规尺寸按被测孔径的上限尺寸精确制造，通常标注“Z”。检测时，止规不能通过、通规能通过为合格，反之为不合格。

（2）对于单件、小批量生产，套类零件中等精度的孔径测量，通常采用内径百分表，如图 1-22 所示。其结构、原理及使用详见项目一中的任务二。

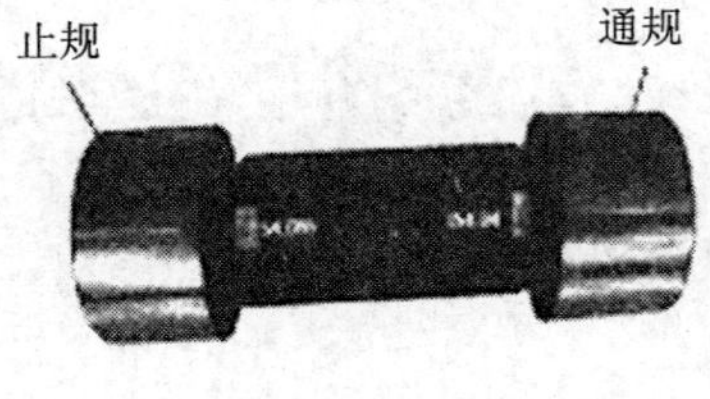

图 3-3　塞规

三、测量

内孔是套类零件起支承或导向作用最主要的表面，通常与运动轴、刀具或活塞相配合。因此在长度测量中，圆柱形孔径检测占很大的比例。

在生产中，对于孔径的测量可采用不同的方法，具体根据生产的批量大小直径精度高低和直径尺寸的大小等因素来选择。

1．成批生产的孔的测量方法

成批生产的孔，一般用塞规检测。圆孔塞规做成圆柱形状，两端分别为通端和止端，用来检查孔的直径。它的最小极限尺寸一端叫做通端，最大极限尺寸一端叫做止端，常用的塞规形式如图 3-4 所示，塞规的两头各有一个圆柱体，长圆柱体一端为通端，短圆柱体一端为止端。检查工件时，合格的工件应当能通过通端而不能通过止端。

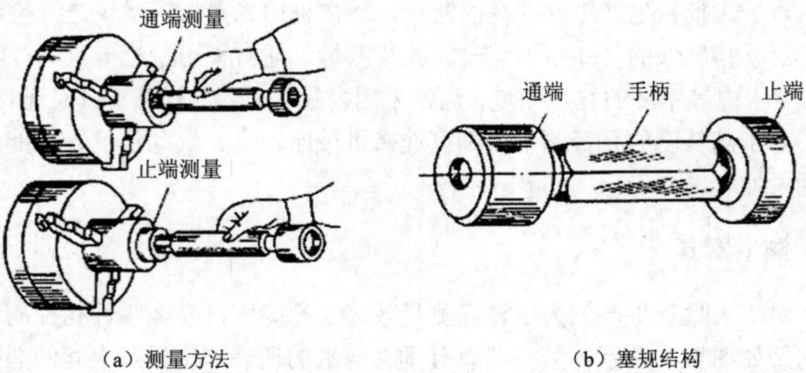

（a）测量方法　　（b）塞规结构

图 3-4　塞规及其使用方法

2．中、低精度的孔的测量

中、低精度的孔通常采用游标卡尺、内径千分尺、杠杆千分尺等进行绝对测量，或用百分表、千分表、内径百分表等进行相对测量；其中内径百分表是测量孔径最常用的方法，测量步骤如下：

（1）选择与被测孔径基本尺寸相应的固定测头装到内径百分表上。

（2）调节校准零位。

① 按被测孔径的基本尺寸调节外径千分尺至同一基本尺寸，检查微分筒零线，使其与固定套筒的基准线对齐。

② 将内径百分表的两测头放入两量爪（侧砧）之间，与两量爪（侧砧）接触。为了使内径百分表的两测头的轴线与两量爪（侧砧）平面相垂直，需拿住表杆中部微微摆动内径百分表，找出表针的转折点，并转动表盘使“0”刻线对准转折点，此时零位已调好。

（3）测量孔径。

测量如图 3-5 所示套类零件内孔尺寸（$\phi 50_{0}^{+0.039}$）。将内径百分表放入被测孔中，微微摆动百分表（图 3-5），并按百分表的最小示值读数。百分表的最小示值读数为内径局部实际尺寸与其基本尺寸的偏差。按图 3-6 所示，在孔轴向的三个截面及每个截面相互垂直的两个方向上，共测六个点，将数据记入测量报告单内。按孔的验收极限判断其合格与否。

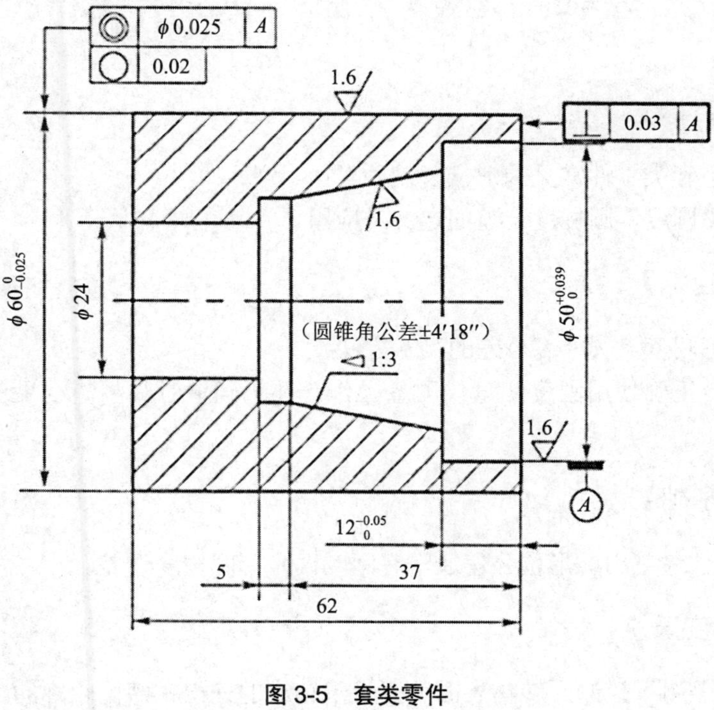

图 3-5　套类零件

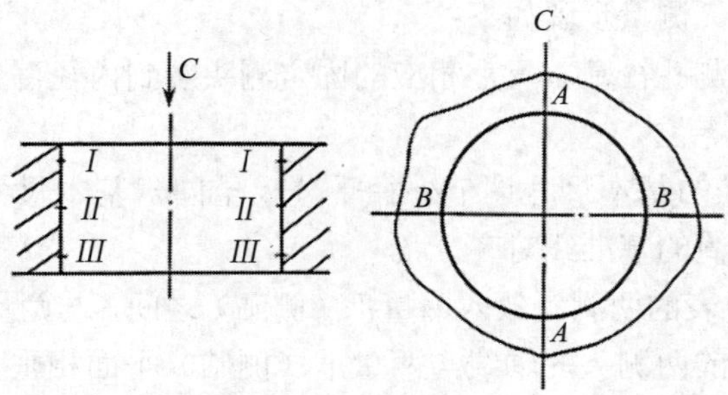

图 3-6 测量位置

四、测量结果及合格性判定

考虑到测量误差的存在，为保证不误收废品，应先根据被测孔径的公差大小，查表得到相应的安全裕度 A，然后确定其验收极限，若全部实际尺寸都在验收极限范围内，则可判断此孔径合格。

任务二 套类零件孔形位误差的测量

【知识目标】

1．熟悉套类零件常见的形位公差种类；

2．熟悉圆度、圆柱度公差的定义及应用。

【技能目标】

1．熟悉圆度、圆柱度公差的测量方法；

2．学会正确使用圆度测量仪测量操作；并正确地对其测量结果进行合格生判断。

【测量基础】

套类零件最常用的形位公差通常有圆度误差、圆柱度误差。

一、圆度误差

圆度公差用于控制回转体表面的垂直于轴线的任一正截面轮廓的形状误差。标注如图 3-7 所示，其公差带是在任一正截面上半径差为公差值 t 的两同心圆所限定的区域。

二、圆柱度误差

圆柱度公差用于控制被测实际圆柱面的形状误差。标注如图 3-8 所示，公差带是半径差为公差值 t 的两同轴圆柱所限定的区域。

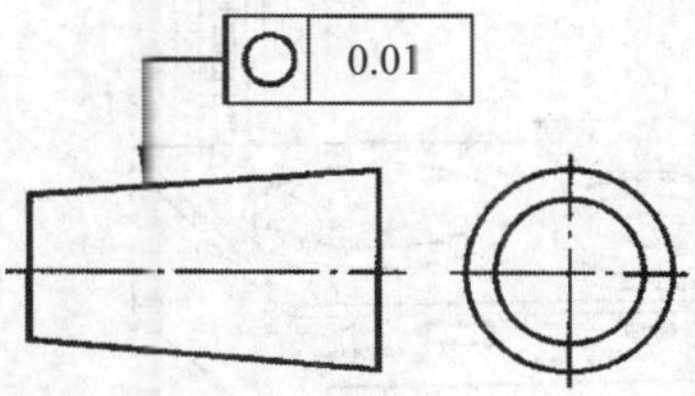

图 3-7 圆度公差

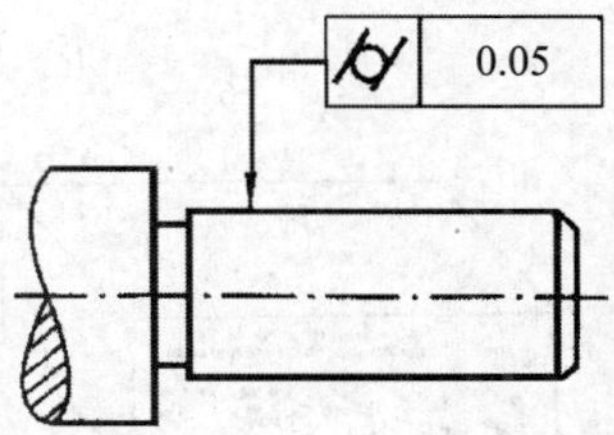

图 3-8 圆柱度公差

【测量内容】

一、圆度误差的测量

1．测量方法

圆度误差的测量方法有三大类，一是半径测量法，其测量仪器通常为圆度测量仪；二是直角坐标法，其测量仪器通常为坐标测量机；三是两点法，又称为直径法，它可用游标卡尺、千分尺、杠杆千分尺等测量。三种方法中，半径测量法为测量精度高，较为常用，以下以它为例进行介绍。

2．测量仪器

圆度仪是最常用的测量圆度误差的仪器，其结构如图 3-9 所示。它是以高精度的转台旋转轴线为基准测量工件半径变化的测量仪器。其旋转台面可以在相对水平位置进行调整，以确保其与旋转轴线垂直。工件放置在旋转台面上，并尽可能确保工件与旋转台回转中心精确对正。测量时，传感器测头与工件表面接触，被测工件截面实际轮廓变化引起的径向尺寸的变化由传感器转换成电信号，此信号通过相关处理后驱动记录器，并用电感方式将轮廓径向变化记录在与旋转台同步转动的记录纸上。

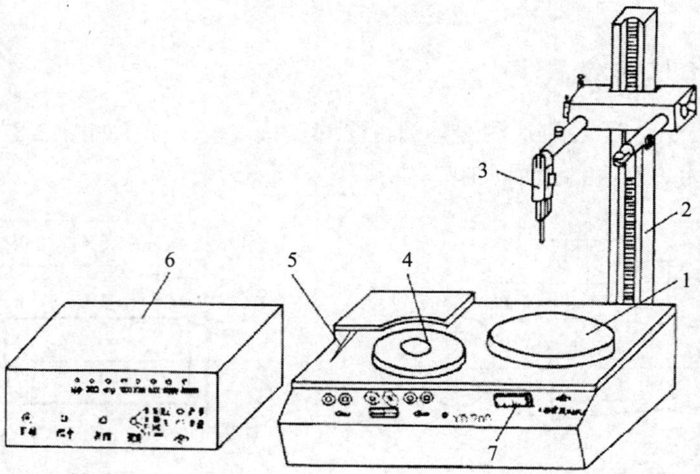

1. 转台台面；2. 立柱；3. 传感器；4. 记录器；5. 记录笔；6. 放大器；7. 对心表

图 3-9 圆度测量仪

3. 测量步骤

（1）打开电源，倍率开关置 100 倍率挡，补偿电位器置 1。

（2）工件对中，放置在转台上，如果工件不对称，其重心应落在两个调节旋钮的直角分线方向上。

（3）目测找正中心，移动传感器，使传感器测头与被测表面留有适当间隙。当转台转时，目测该间隙的变化，并用校心杆敲拨工件，使其对正。如果是对称工件，则可利用定装置，使工件快速定心。

（4）精确找正中心，使传感器测头在测量线方向上（即法线方向）接触工件表面，并使对心表的指针在两条边线范围内摆动。当指针处在转折点时，在测头所处的径向方位上用校心杆敲拨工件，以使摆幅最小，找正中心应从最低放大倍率挡 100 倍率开始，直至 2 000 倍率（粗糙零件）、4 000 倍率（较精密的零件）。

（5）放入记录纸，记录轮廓图线。如果记录图线的头尾有径向偏离，则需重新记录。

（6）借助透明的刻有一组等间距（2 mm）的同心圆透明样板（图 3-10），使其复合在记录纸上。

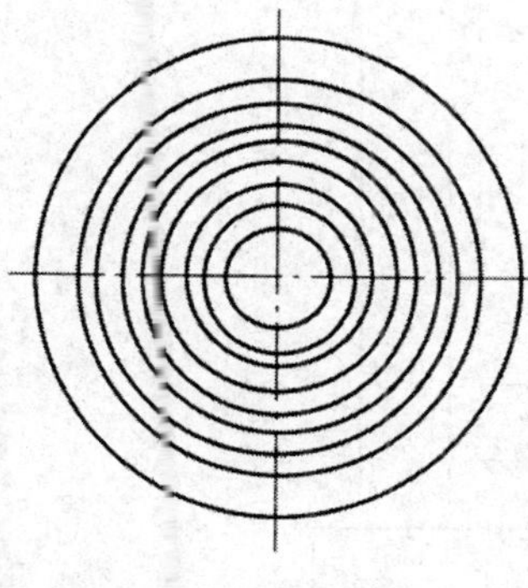

图 3-10 同心圆透明样板

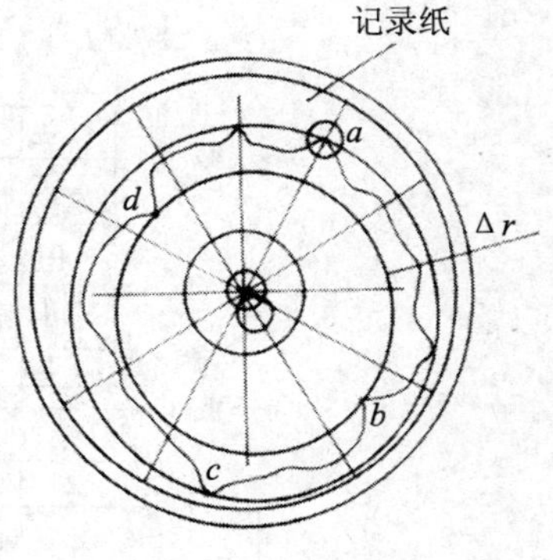

图 3-11 最小区域法

4．测量结果及合格性判定

圆度误差值是依据一特定的圆心，包容记录图形的两个同心圆的半径差来确定的。这特定圆心的位置不同，其半径差的数值也不同。而确定这一特定圆心的方法有四种：最小区域法、最小二乘圆法、最小外接圆法和最大内接圆法。其中最常用的为最小区域法。

用最小区域圆法，读圆度值。在被测轮廓内每点都可作两个同心圆，其中一个外圆，另一个内切圆，以包含实际轮廓，并且以半径差最小的两个同心圆的圆心为理想圆心，但是至少应有四个实测点内外相间在内、外两个圆周上，如图 3-11 所示 c，c 与 b，d 分别与外圆和内圆交替接触。两包容圆半径差即为圆度误差值。

二、圆柱度误差的测量

1．测量仪器

圆柱度误差的测量仪器与圆度误差测量相同，为圆度测量仪，如图 3-10 所示。

2．测量

由于圆柱度测量结果不经计算机进行数据处理，很难做到精确和符合定义要求，因此用简便的近似方法来评定圆柱度误差仍是常用的一种方法。圆柱度误差测量如图 3-12 所示。将被测工件的轴线调整到与仪器同轴，记录被测工件倒转一周过程中测量截面上各点的半径差。在测头没有径向偏移的情况下，按需要重复上述方法测量若干个横截面。电子计算机按最小条件确定圆柱度误差，也可用极坐标图近似求出圆柱度误差。

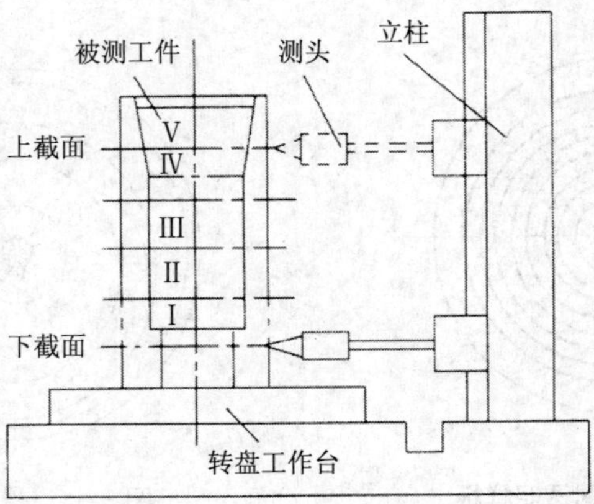

图 3-12　圆柱度测量

测量操作步骤：

（1）打开电源，倍率开关置 100 倍率挡，补偿电位器置 1。

（2）工件对中，放置在转台上，如果工件不对称，其重心应落在两个调节旋钮的直角平分线方向上。

（3）目测找正中心，移动传感器，使传感器测头与被测表面留有适当间隙。当转台转动时，目测该间隙的变化，并用校心杆敲拨工件，使其对正。如果是对称工件，则可利用定心装置，使工件快速定心。

（4）精确找正中心，使传感器测头在测量线方向上（即法线方向）接触工件表面，并使对心表的指针在两条边线范围内摆动。当指针处在转折点时，在测头所处的径向方位上用校心杆敲拨工件，以使摆幅最小，找正中心应从最低放大倍率挡 100 倍率开始，直至 2 000 倍率（粗糙零件）、4 000 倍率（较精密的零件）。

（5）放入记录纸，记录截面轮廓上的图线。如记录图线的头尾有径向偏离，则需重新记录。

（6）在测头没有径向偏移的情况下，按需要重复上述方法测量若干个横截面。

3．测量结果及合格性判定

圆柱度误差的评定方法有四种：最小区域法、最小外接圆柱法、最大内接圆柱法和近似的评定法。而通常采用近似评定法。

近似评定法是把在圆度仪上测量的每个截面的图形描绘在一张记录纸上，然后用同心圆透明样板按最小条件圆度的判别准则，求出包容这组记录图形的两同心圆半径差 Δ，再除以放大倍 M，即为此零件的圆柱度误差，$f=\Delta/M$。

任务三　套类零件的深度测量

套类零件及其他零件上相关深度尺寸的测量通常较为简单，通过选用相关量具直接测量即可完成。

一、测量工具

零件上相关深度尺寸的测量所用的量具通常有深度游标卡尺（图 3-13）和深度千分尺（图 1-12）。精度要求相对较高的选用深度千分尺，实际生产中更为常用的精度相对较低的深度游标卡尺。

二、测量

深度游标卡尺（图 3-13）用于测量零件的深度尺寸或台阶高低和槽的深度。它的结构特点是尺框 3 的两个量爪连成一起成为一个带游标测量基座 1，基座的端面和尺身 4 的端面就是它的两个测量面。如测量内孔深度时应把基座的端面紧靠在被测孔的端面上，使尺身与被测孔的中心线平行，伸入尺身，则尺身端面至基座端面之间的距离，就是被测零件的深度尺寸。它的读数方法和游标卡尺完全一样。

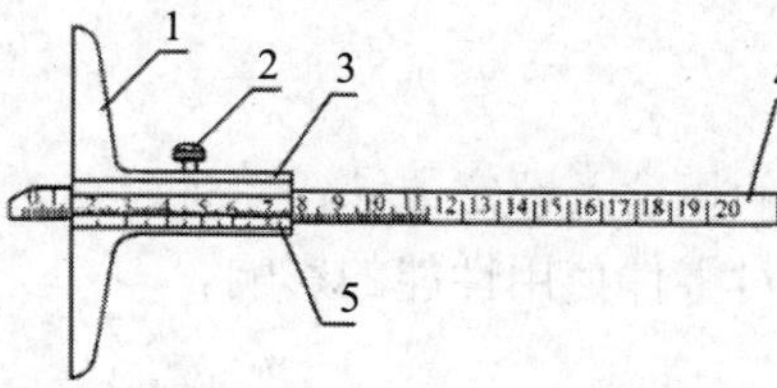

1. 测量基座；2. 紧固螺钉；3. 尺框；4. 尺身；5. 游标

图 3-13　深度游标卡尺

测量时，先把测量基座轻轻压在工件的基准面上，两个端面必须接触工件的基准面，如图 3-14（a）所示。测量轴类等台阶时，测量基座的端面一定要压紧在基准面，如图 3-14（b）、（c）所示，再移动尺身，直到尺身的端面接触到工件的量面（台阶面）上，然后用紧固螺钉固定尺框，提起卡尺，读出深度尺寸。多台阶小直径的内孔深度测量，要注意尺身的端面是否在要测量的台阶上，如图 3-14（d）所示。当基准面是曲线时，如图 3-14（e）所示，测量基座的端面必须放在曲线的最高点上，测量出的深度尺寸才是工件的实际尺寸，否则会出现测量误差。

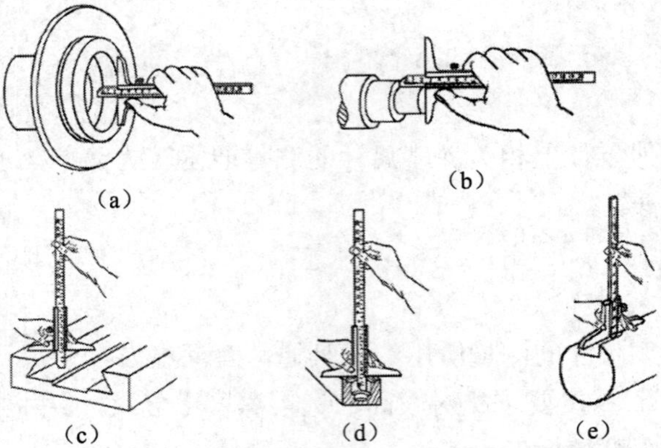

图 3-14　深度游标卡尺的使用

三、测量结果及合格性判定

将计算得到的差值与设计值（图纸标注值）比较，并判断其合格与否。

任务四　套类零件的表面粗糙度测量

【知识目标】

1．了解表面粗糙度的概念及评定方法；
2．了解表面粗糙度对零件使用性能的影响。

【技能目标】

1．熟悉表面粗糙度的测量方法；
2．学会正确使用粗糙度比较样块测量表面粗糙度的操作；并正确地对其测量结果进行合格性判断。

【测量基础】

一、表面粗糙度基本知识

表面粗糙度是加工表面上具有较小间距和峰谷所组成的微观几何形状误差。这种微观几何形状的尺寸特征，一般是由零件的加工过程和（或）其他因素形成。其实质是：加工过程中刀具与零件表面间的摩擦和切屑分离时表层金属的塑性变形的结果。

1．表面粗糙度对零件使用性能的影响

表面粗糙度对机械零件的配合性质、耐磨性、工作精度、抗腐蚀性有着密切的关系，它影响机器或仪器的可靠性和使用寿命。

（1）对摩擦及磨损的影响。

① 当两配合表面做相对运动时，两表面的凸峰相互搓切，形成摩擦阻力。表面越粗糙，摩擦系数越大，摩擦消耗的能量越大，机器工作效率越低，使零件发热，以致互相咬损。

② 由于微观几何形状误差会导致实际接触面积减少，单位面积压力增大，从而使磨损加快，影响机器的寿命。

（2）对配合性质的影响——影响配合性质的稳定性。

① 对具有相对运动的间隙配合——因为凸峰磨去间隙增大，表面越粗糙，间隙越大，破坏了原有配合性质。

② 对有连接要求的过盈配合——由于压入装配把粗糙表面凸峰挤平，使实际过盈δ降低了，从而降低了连接强度。

（3）对机器定位精度影响。

在零件的定位表面上，由于表面粗糙度存在，使接触面积减小，受到压力时，凸峰处会产生弹塑变形，造成定位不稳定，产生定位误差。

（4）对零件的疲劳强度影响。

微观几何形状的波谷，犹如零件表面上存在许多夹角缺口和裂纹，从而造成应力集中，越粗糙对应力集中越敏感，当零件受交变载荷作用，由于应力集中，使疲劳强度降低。此外还影响零件的接触刚度、抗腐蚀能力、密封性、美观性。

2．表面粗糙度的评定参数

为提高产品质量，促进互换性生产，我国制定了表面粗糙度国家标准。这个标准规定了表面粗糙度术语、表面及其参数（GB 3505—1983），产品几何技术规范（GPS）表面结构轮廓法、表面粗糙度参数及其数值（GB/T 1031—2009）和产品几何技术规范（GPS）技术产品文件中表面结构的表示法（GB/T 131—2006）。国家标准规定表面粗糙度的参数由高度参数、间距参数和综合参数所组成。高度参数有三个：轮廓算术平均偏差 Ra、微观不平度十点高度 Rz、轮廓最大高度 Ry；间距参数有两个：轮廓单峰平均间距 S 和轮廓微观不平度间距 S_{m}；综合参数有轮廓支承长度率 t_{p}。

二、测量方法

表面粗糙度的测量方法有四种：比较法、光切法、干涉法和描针法。实际生产车间通常使用的为比较法。

【测量内容】

一、测量工具

比较法测量粗糙度使用的测量工具为粗糙度比较样块（图 3-15）。它是采用特定合金材料加工而成，具有不同的表面粗糙度参数值。根据加工成形的方法不同其粗糙度比较样块有相应的不同种类。实际生产中可根据加工成形的方法不同来选择。

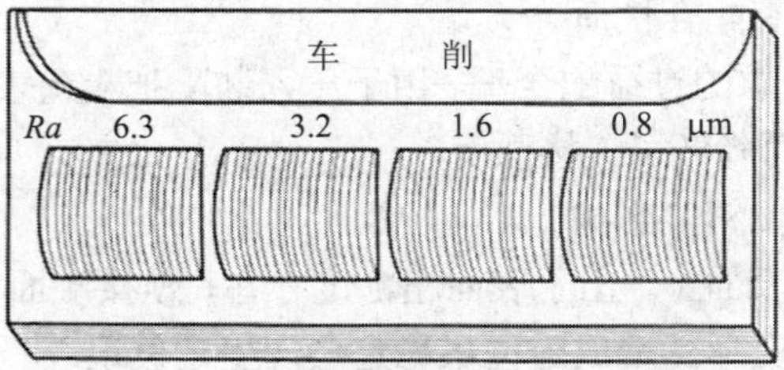

（a）车削加工样块

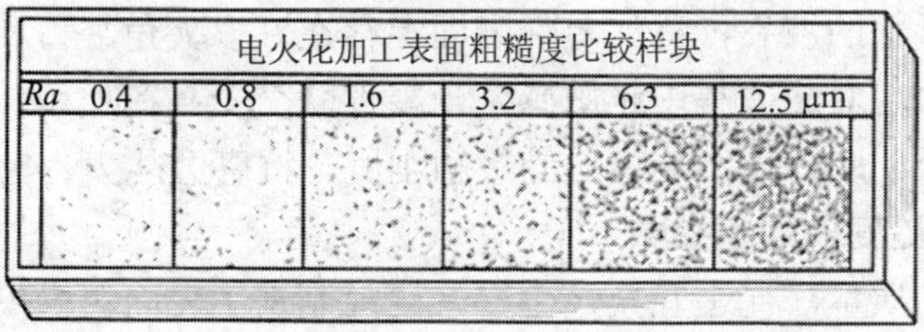

（b）电镀工艺复制的样块

图 3-15 粗糙度比较样块

二、测量及合格性判断

比较法是将被测量表面对照粗糙度样板，通过触觉、视觉将被测件表面与之作比较，即用肉眼判断或借助于放大镜，也可用手摸，指甲划动的感觉来判断被加工表面的粗糙度；尽管这种方法不够严谨，但它具有测量方便、成本低、对环境要求不高等优点，所以被广泛应用于生产现场检验一般表面粗糙度。具体操作如下所述。

1．视觉比较

就是用人的眼睛反复比较被测表面与比较样板间的加工痕迹异同、反光强弱、色彩差异，以判定被测表面的粗糙度的大小。必要时可借用放大镜进行比较。

2．触觉比较

就是用手指分别触摸或划过被测表面和比较样板，根据手的感觉判断被测表面与比较样板在峰谷高度和间距上的差别，从而判断被测表面粗糙度的大小。

表 3-1　套类零件测量评价

<table>
<tr><td>学生姓名</td><td></td><td>班级</td><td colspan="2"></td><td>课程名称</td><td colspan="2">机械测量技术</td></tr>
<tr><td>专业</td><td></td><td>学号</td><td colspan="2"></td><td>项目名称</td><td colspan="2">套类零件测量</td></tr>
<tr><td>评价方面</td><td colspan="2"></td><td>分值</td><td>自我评价</td><td>小组评价</td><td>教师评价</td><td>得分</td></tr>
<tr><td rowspan="4">基础知识</td><td colspan="2">套类零件孔径的测量</td><td></td><td></td><td></td><td></td><td></td></tr>
<tr><td colspan="2">套类零件孔形位误差的测量</td><td></td><td></td><td></td><td></td><td></td></tr>
<tr><td colspan="2">套类零件的深度测量</td><td></td><td></td><td></td><td></td><td></td></tr>
<tr><td colspan="2">套类零件的表面粗糙度测量</td><td></td><td></td><td></td><td></td><td></td></tr>
<tr><td rowspan="4">实训技能</td><td colspan="2">测量器具使用方法正确</td><td></td><td></td><td></td><td></td><td></td></tr>
<tr><td colspan="2">测量步骤设计合理</td><td></td><td></td><td></td><td></td><td></td></tr>
<tr><td colspan="2">测量数据精确</td><td></td><td></td><td></td><td></td><td></td></tr>
<tr><td colspan="2">数据处理及报告填写准确</td><td></td><td></td><td></td><td></td><td></td></tr>
<tr><td rowspan="3">学习态度及遵章守纪</td><td colspan="2">考勤情况</td><td></td><td></td><td></td><td></td><td></td></tr>
<tr><td colspan="2">遵章守纪情况</td><td></td><td></td><td></td><td></td><td></td></tr>
<tr><td colspan="2">团队精神</td><td></td><td></td><td></td><td></td><td></td></tr>
<tr><td>实训评价记录</td><td colspan="7">教师＿＿＿＿＿＿　日期＿＿＿＿＿＿</td></tr>
</table>

项目四　螺纹及蜗杆零件的测量

【项目导入】

螺纹设计是机械中广泛采用的连接形式之一。具有结构简单、拆装方便及连接可靠等优点。在机械制造及工程结构中应用甚广。因此，装配精度的测量检验是机械制造过程中不可缺少的重要环节。

本项目主要介绍螺纹的基础知识；螺纹类零件的常规检测项目及检测方法和步骤等。

【项目基础】

项目基础一　螺纹基础知识

一、螺纹的分类及用途

1．螺纹的分类

（1）连接螺纹。

连接螺纹又称紧固螺纹。牙型为三角形（图 4-1），如米制普通螺纹。使用最广泛，要求有良好的旋合性和连接的可靠性。

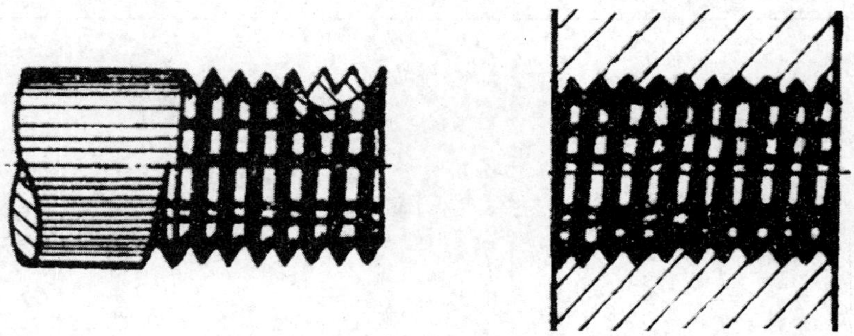

图 4-1　螺纹的牙型

（2）传动螺纹。

传递动力或精确位移，要求具有足够的强度保证动力传递的可靠和传动比稳定保证精确的位移。传动螺纹牙型有梯形、三角形、锯齿形和矩形（图 4-2）等。

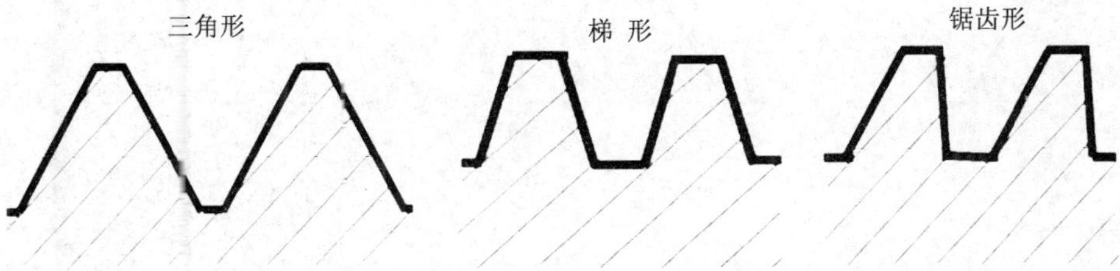

图 4-2 常见螺纹牙型的种类

（3）紧密螺纹。

用于密封的螺纹连接，如连接管道用的螺纹。要求结合紧密，密封性好，不漏水、气或油。

2. 螺纹的几何参数

（1）螺纹大径。

外螺纹牙顶或内螺纹牙底对应相重合的假想圆柱的直径。

（2）螺纹小径。

通常指与外螺纹牙底或内螺纹牙顶对应相重合的假想圆柱的直径。

螺纹的大、小径见图 4-3。

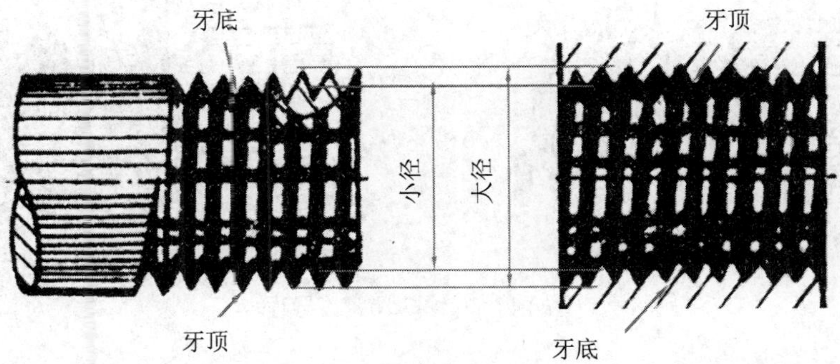

图 4-3 螺纹的大、小径

（3）螺纹中径。

一般为一假想圆柱的直径，该圆柱母线通过牙型上沟槽与凸起宽度相等的地方。并且以螺纹轴线为轴线的假想圆柱面的直径（图 4-4）。

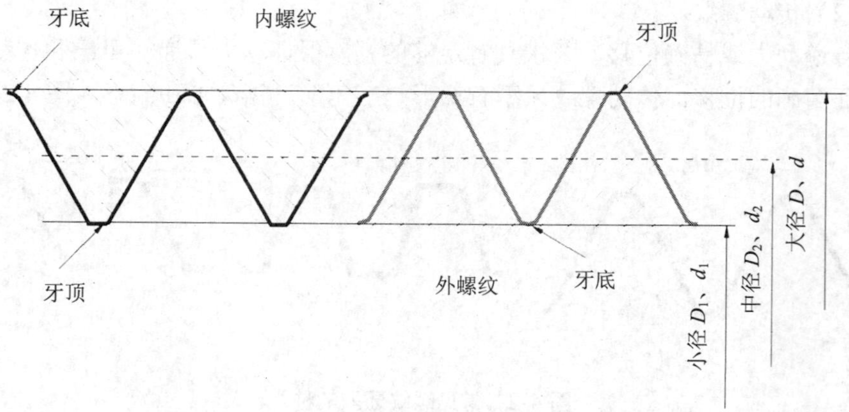

图 4-4 螺纹的大、小径和中径

（4）螺距与导程。

① 螺距。通常指相邻两牙在中线上对应两点间的轴向距离。

② 导程。通常指同一螺旋线上，相邻两牙在中线上对应两点间的轴向距离。一般等于螺距乘以螺纹的线（头）数。

螺纹的螺距、导程见图 4-5。

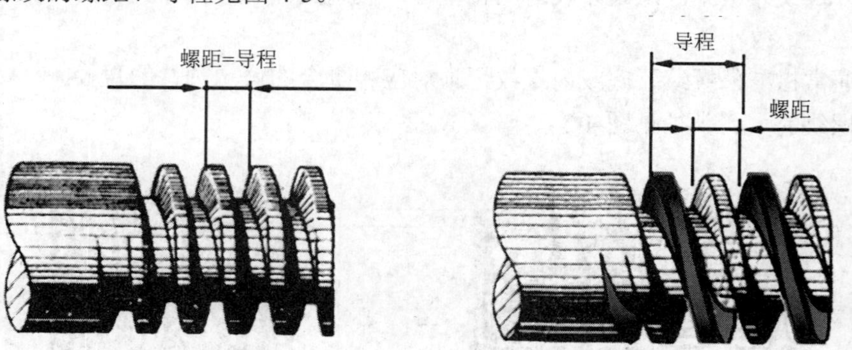

（a）单线螺纹：$P=Ph$　　（b）多线螺纹：$P=Ph/n$

图 4-5 螺纹的螺距、导程

（5）牙型角与牙型半角。

牙型角α是指在螺纹牙型上相邻两牙侧间的夹角，普通螺纹牙型$\alpha=60°$。

牙型半角$\alpha/2$ 是指牙侧与螺纹轴线的垂线间的夹角，普通螺纹牙型半角$\alpha/2=30°$。

螺纹的牙型角见图 4-6。

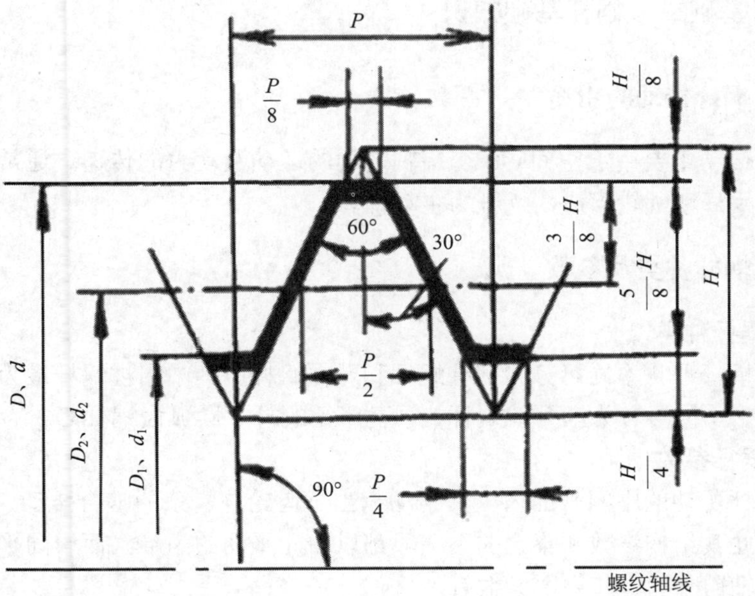

图 4-6 螺纹的牙型角

（6）螺纹旋合长度。

指两配合螺纹沿螺纹轴线方向相互旋合部分的长度。国家标准将旋合长度分为：*L*、*N*、*S*。

二、测量项目及器具的选用

1．一般精度要求的螺纹

（1）螺距：用钢直尺、螺距规；

（2）外螺纹大径或内螺纹小径：用游标卡尺、千分尺测量；

（3）外螺纹中径：用螺纹千分尺或三针进行测量。

2．精度要求较高的螺纹

对于高精度的螺纹，一般可在工具显微镜上进行测量。

3．大批量生产时

大批量生产时，其螺纹一般采用螺纹量规检测。

项目基础二　蜗杆基础知识

一、蜗杆传动的用途

蜗杆传动主要用于空间 90°交错轴之间的运动及动力的传递。通常蜗杆副传动一般由蜗杆和蜗轮组成，蜗杆为主动件。

二、蜗杆种类及参数

1．蜗杆种类

根据蜗杆形状不同可分为圆柱蜗杆和环面蜗杆；其中圆柱蜗杆最为常用，且根据其齿形不同可分为渐开线蜗杆、阿基米德蜗杆、圆弧齿蜗杆等。

2．蜗杆参数

在蜗杆传动的中间平面内，其传动相当于齿轮与齿条的啮合传动，如图 4-7 所示。因此其结构参数和集合关系一般都以中间平面的为准。而中间平面对应的是蜗杆的轴向平面，其主要参数有：

（1）模数 m、压力角α;

（2）蜗杆分度圆直径 d_1、直径系数 q。

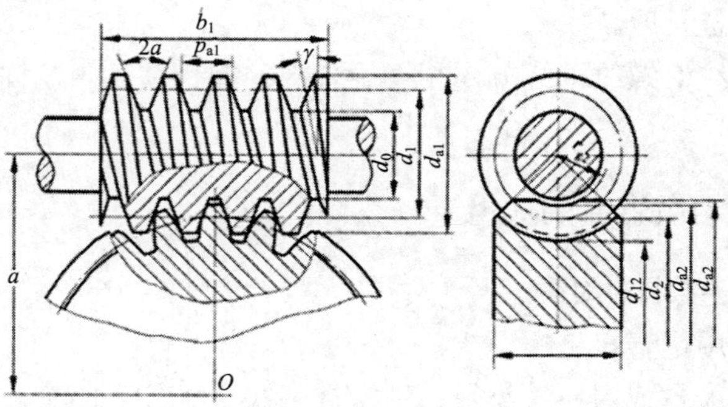

图 4-7　蜗杆传动的中间平面图

三、蜗杆测量项目

1．蜗杆齿顶圆直径

通常使用外径千分尺，测量方法同外圆直径测量。

2．蜗杆分度圆直径

蜗杆分度圆直径测量是蜗杆主要的测量；其方法是用三针法测量。

3．蜗杆法向齿厚的测量

实际生产中，蜗杆法向齿厚的测量通常采用齿厚游标卡尺来测量。

任务一　螺纹精度测量

【知识目标】

1．熟悉螺纹的种类、主要的几何参数；
2．熟悉螺纹测量方法及其选择。

【技能目标】

1．掌握螺纹千分尺的正确使用方法；
2．掌握三针的选择及三针法测量螺纹中径的操作。

【测量基础】

一、螺纹单项测量

螺纹的单项测量通常指对螺纹的某一参数单独进行测量。其测量的参数一般有螺距、大径、外螺纹的中径等。通常用于单件、小批量生产，以及精密螺纹的生产中。

1．螺距的测量

对于一般精度的螺纹，其螺距通常使用钢直尺或螺距规（如图 4-8 所示）进行测量。

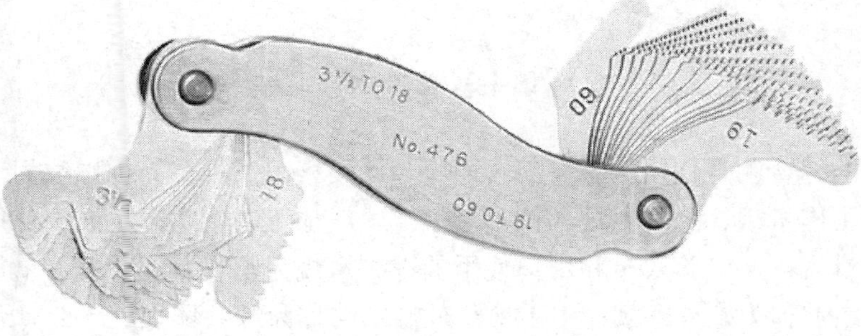

图 4-8　螺距规

2．大径的测量

由于外螺纹大径的公差相对较大，因此一般用游标卡尺或外径千分尺进行测量即可。

3．外螺纹中径的测量

一般情况下，外螺纹的中径用螺纹千分尺或三针进行测量；对于高精度的螺纹，一般可在工具显微镜上进行测量。

二、螺纹的综合测量

螺纹的综合测量通常指使用螺纹量规（图 4-9）同时对螺纹的几个参数进行检测，以判定其合格与否的测量方法；常用于大批量生产时的螺纹量检测。

图 4-9　螺纹量规

螺纹的综合测量使用的测量工具通常为螺纹极限量规，简称螺纹规。螺纹量规通常分工作量规、验收量规和校正量规；一般加工者在实际生产中使用的螺纹规为工作量规；而检验人员和用户使用的螺纹量规为验收量规和校对量规。用于检测内螺纹的称为螺纹塞规；用于检测外螺纹的称为螺纹环规。

1．螺纹塞规

螺纹塞规（图 4-10）的主要工作部分有通端塞规和止端塞规。

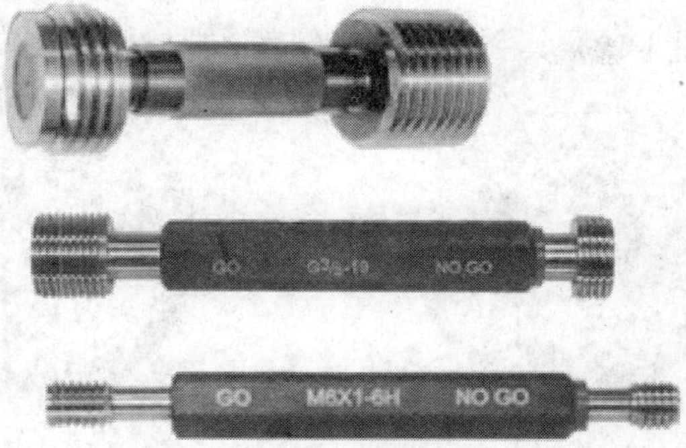

图 4-10 螺纹塞规

（1）通端工作塞规（T）。

通端工作塞规具有完整的牙型和不少于 8 个完整的牙。主要用来检验内螺纹的中径；以及螺纹的大径的最小极限尺寸。检验时，如塞规通端能顺畅旋入，则被检螺纹合格；否则为不合格。

（2）止端工作塞规（Z）。

止端工作塞规主要用于检验螺纹中径的一个参数。为了减少牙型半角及螺距累积误差的影响，止端通常做成不完整牙型，且旋合的程度也只有 2～2.5 个牙。检验时，合格的螺纹应不能通过（允许旋入一部分）；否则为不合格。

用螺纹塞规检验内螺纹的原理如图 4-11 所示。

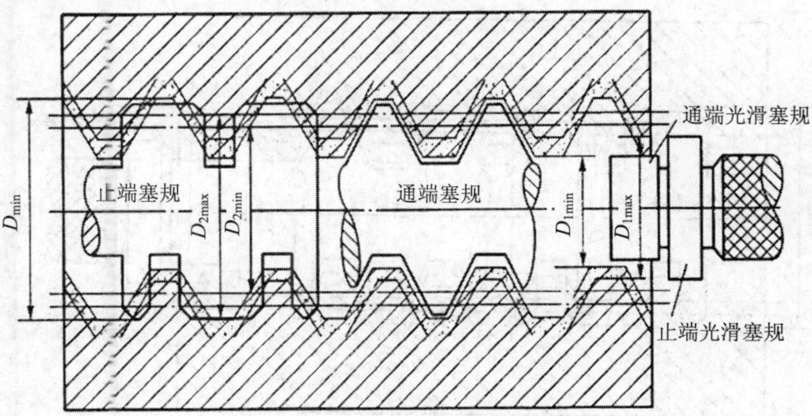

图 4-11 螺纹塞规检验内螺纹原理

2．螺纹环规

螺纹环规（图 4-12）其主要工作部分有通端环规和止端环规。

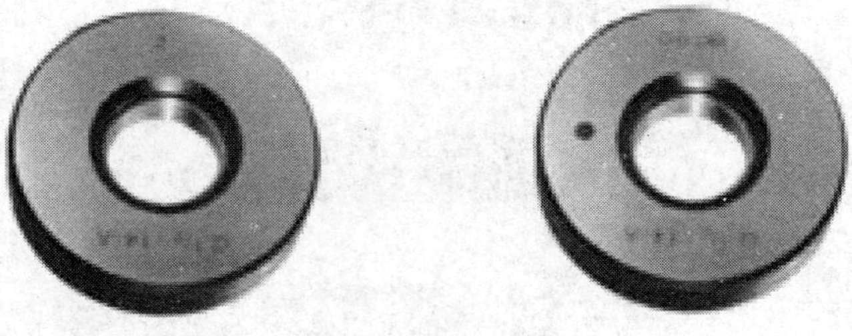

（a）通端环规　　（b）止端环规

图 4-12　螺纹环规

（1）通端工作环规（*T*）。

通端工作环规通常具有完整的牙型和标准的旋合长度。主要用于检验外螺纹的中径，以及外螺纹小径的最大极限尺寸。检验时，如通端环规能顺畅旋入，则被检螺纹合格；否则为不合格。

（2）止端工作环规（*Z*）。

止端工作环规与通端比较，其牙型被截短，旋合长度也相应缩短。主要用于检验外螺纹中径的一个参数。检验时，合格的螺纹应不能通过（允许旋入一部分）；否则为不合格。

用螺纹环规检验外螺纹的原理如图 4-13 所示。

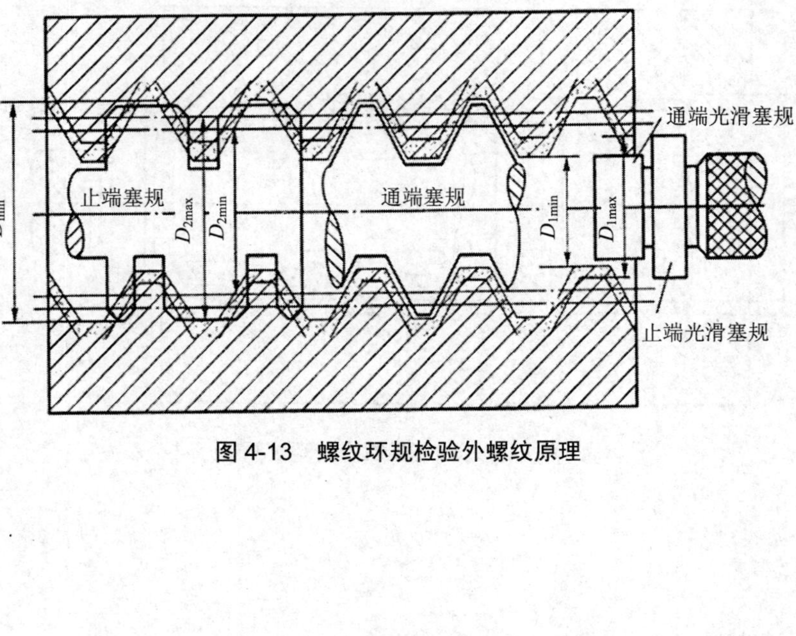

图 4-13　螺纹环规检验外螺纹原理

【测量内容】

测量内容一　用螺纹千分尺测量普通螺纹中径

一、测量器具

如图 4-14 所示为测量螺纹中径的测量工具螺纹千分尺。分度值 0.01 mm，规格为：0～25 mm。其主要结构如图 4-15 所示。螺纹千分尺的构造与外径千分尺相似，差别仅在于两个测量头的形状。螺纹千分尺的测量头做成和螺纹牙型相吻合的形状，即一个为 V 形测量头，与螺纹牙型凸起部分相吻合；另一个为圆锥形测量头，与螺纹牙型沟槽相吻合，如图 4-16 所示。

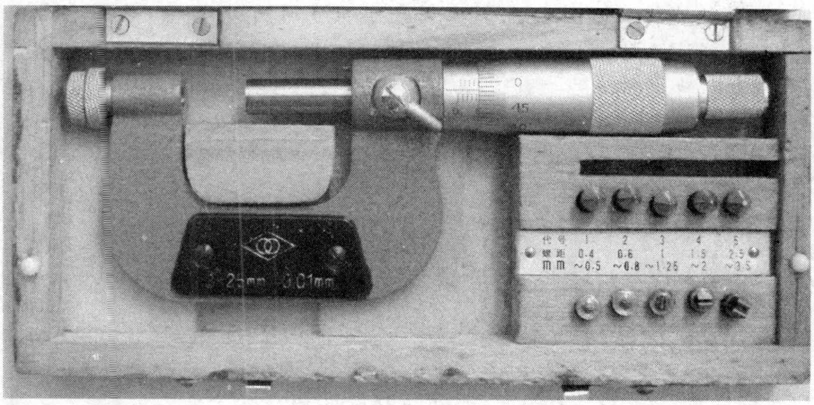

图 4-14　螺纹千分尺

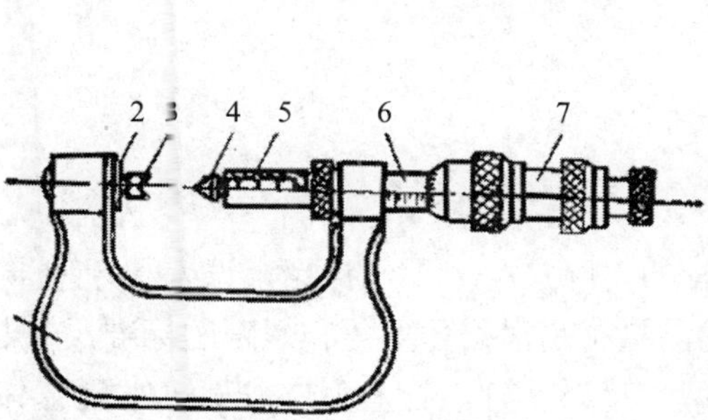

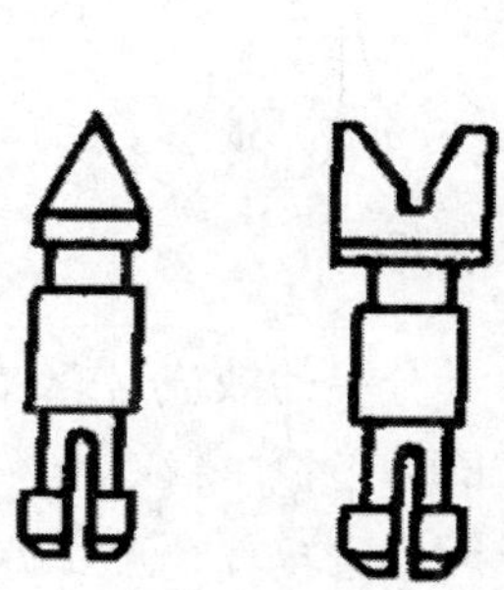

1. 测头弓架；2. 架砧；3. V 形测头；4. 圆锥形测头；5. 测杆；6. 内套筒；7. 外套筒

图 4-15　螺纹千分尺结构

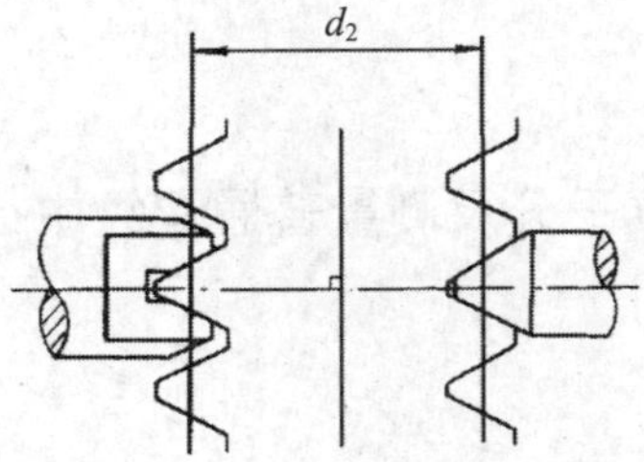

图 4-16　测头工作位置示意

二、测量

（1）将螺纹测量位置擦拭干净。

（2）根据被测螺纹螺距选择一对合适的测量头。

（3）将圆锥形测量头嵌入测微螺杆的孔内，V 形测量头嵌入固定测量砧的孔内，然后进行零位调整。

（4）选取一个截面，进行测量，如图 4-17 所示，记下读数。再转换到相互垂直的方向重复测量一次，并记录下读数。

（5）选取另一界面，同样在相互垂直的两个方向进行测量，记下读数。

三、测量结果及合格性判定

（1）计算所测得读数平均值，即为螺纹的实际中径。

（2）将所得到的螺纹的实际中径与设计值（图纸标注值）比较，并判断其合格与否。

（3）填写检测报告。

四、说明

螺纹千分尺的数值是螺纹中径的实际尺寸，不包括螺距误差和牙型半角误差在中径上的当量值。螺纹千分尺的测量头是根据牙型角和螺距的标准尺寸制造的，当被测量的外螺纹存在螺距和牙型半角误差时，测量头与被测的外螺纹不能很好地吻合，所以测出的螺纹中径的实际尺寸误差比较大，一般误差在 0.05～0.20 mm，因此螺纹千分尺只能用于工序间测量或对粗糙级的螺纹工件测量。

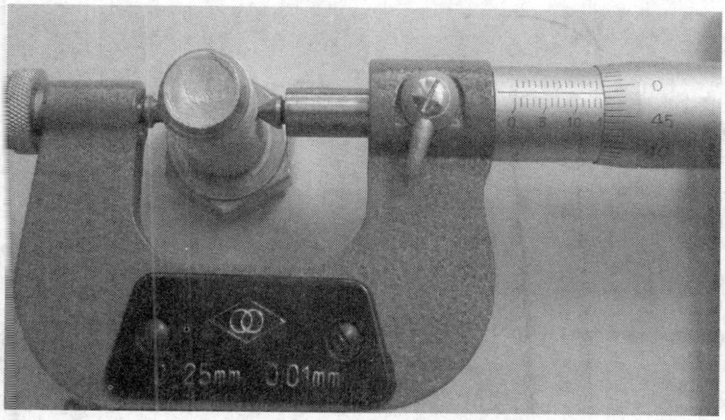

图 4-17 螺纹千分尺测量螺纹中径

测量内容二 用三针法测量普通螺纹中径

一、测量器具及测量原理

三针测量螺纹中径法是一种常用且比较准确的测量外螺纹中径的方法；它属于间接测量法。其测量器具为三根直径相同的量针，如图 4-18 所示；测量时，按图 4-19 所示那样放在螺纹牙型沟槽中间，用接触式量仪或测微量具测出三根量针外母线之间的跨距 M，根据公式计算出中径 d_2；对于公制普通螺纹，$\alpha/2=30°$则，

$$d_2 = M - 2(OA + OB) = M - 2(OA + OE - BE)$$

$$= M - 2\left(\frac{d_0}{2} + \frac{OC}{\sin\frac{\alpha}{2}} - \frac{P}{4}\cot\frac{\alpha}{2}\right)$$

$$= M - d_0\left(1 + \frac{1}{\sin\frac{\alpha}{2}}\right) + \frac{P}{2}\cot\frac{\alpha}{2}$$

$$d_2 = M - 3d_0 + 0.866P \quad (4\text{-}1)$$

式中，d_2 ——螺纹中径；

M ——测量得到的辅助值；

d_0 ——量针直径；

P ——螺纹公称螺距。

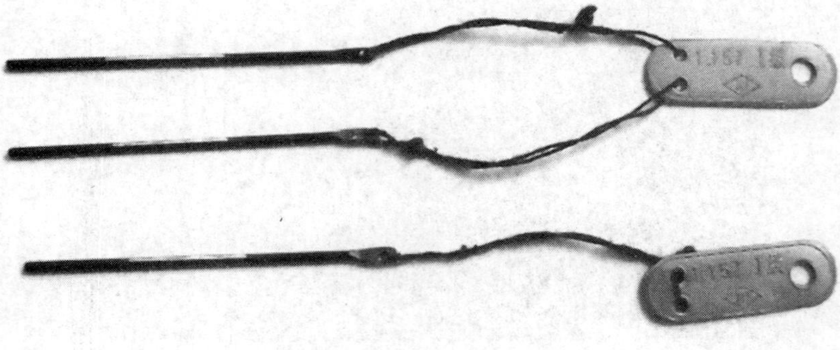

图 4-18　测量螺纹中的三针

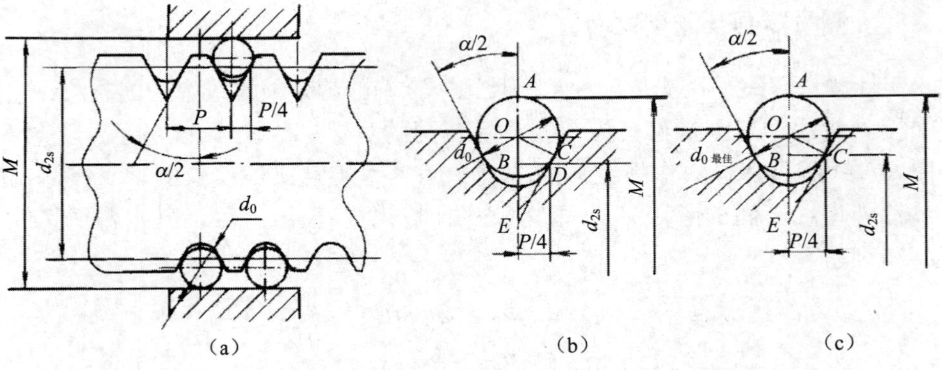

图 4-19　三针法测量螺纹中径原理

二、量针直径的选择

为了减少牙型半角误差对测量结果的影响，应合理地选择量针的直径。其选择的原理是量针与牙型的切点恰好位于螺纹中径处（图 4-20）。此时所选择量针直径的最佳值为：

$$d_{0(最佳)}=\frac{P}{2\cos\frac{\alpha}{2}}=\frac{P}{\sqrt{3}} \tag{4-2}$$

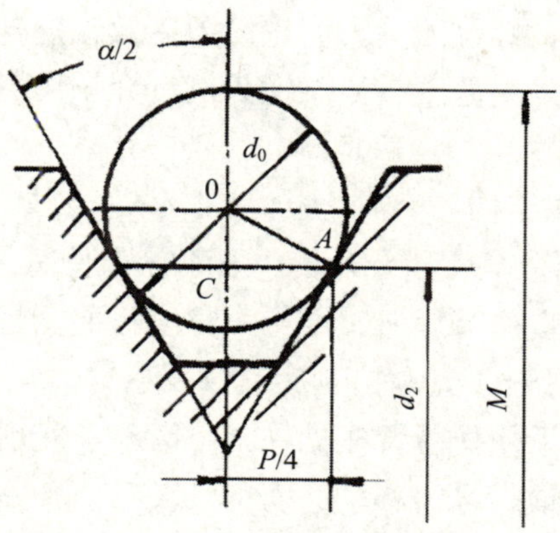

图 4-20　量针最佳位置

说明：① 对于一般螺纹（$\alpha/2=30°$），d_0（最佳）=0.577 P；

② 实际测量时，应选择最佳直径，如没有等值的量针，则应选数值最近的量针来测量。

三、测量

（1）将螺纹测量位置擦拭干净；

（2）校对千分尺的零位；

（3）计算最佳量针直径，并选择直径与之最近的量针；

（4）测量时，把三针放入被测螺纹牙槽中（一侧两根，另一侧一根），测量针距（辅助值）M。如图 4-16 所示。

四、测量结果及合格性判定

（1）根据式（4-1）计算 d_2 值，即为测得的螺纹中径。

（2）将所得到的螺纹中径与设计值（图纸标注值）比较，并判断其合格与否。

（3）填写检测报告。

测量内容三　使用工具显微镜测量螺纹

一、测量仪器与测量原理

工具显微镜是主要用于测量、计量等方面的一类显微镜。与一般的显微镜相比，其特点是工作台的运动精度非常高，配备一些特殊的目镜，可用于平面乃至三维数据的测量。工具显微镜一般分为小型工具显微镜、大型工具显微镜、万能工具显微镜和重型工具显微镜。而用于螺纹测量的通常为大型工具显微镜。其主要应用于测量螺纹量规、螺纹刀具、齿轮滚刀以及检定样板、样板刀具、冲模和凸轮的轮廓形状。下面以大型工具显微镜为例，介绍用影像法测量螺纹中径及螺距的原理及方法。

1．工具显微镜基本结构

工具显微镜外形如图 4-21 所示。其主要工作部件有目镜、上照明光源、工作台、y 轴测微器、灯亮度调节旋钮、游标、角度盘制动螺旋、游标制动螺旋、调焦手轮、物镜、x 轴测微器、光源控制旋钮以及悬臂、立柱、支座和底座等组成。测量时可通过旋钮调节手轮使悬臂在立柱上下滑动，实现对焦；而转动 x 轴及 y 轴测微器可实现工作台横、纵向移动。有的还配有工作台旋转手轮，通过旋转该手轮可实现工作台的旋转。

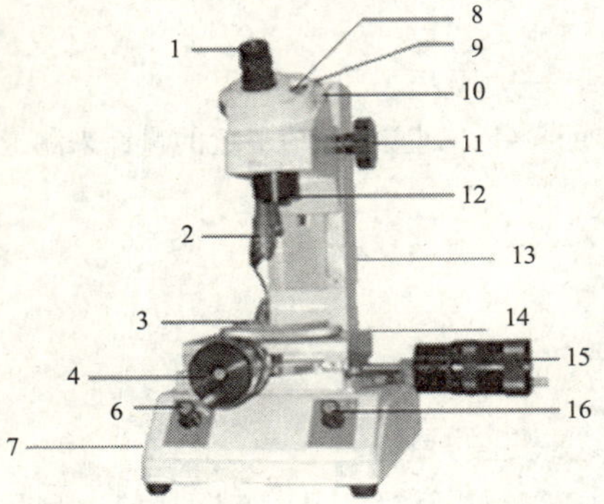

1. 目镜；2. 悬臂；3. 上照明灯泡光源；4. 工作台；5. y 轴测微器；6. 灯亮度调节旋钮；7. 底座；8. 游标；9. 角度盘制动螺旋；10. 游标制动螺旋；11. 调焦手轮；12. 物镜；13. 立柱；14. 支座；15. x 轴测微器；16. 光源控制按钮

图 4-21　工具显微镜外形

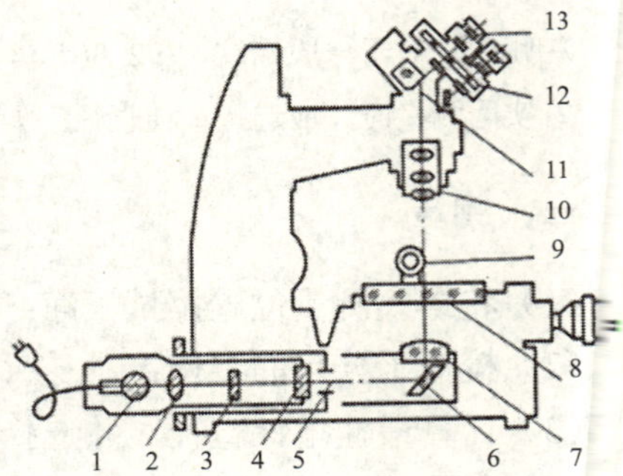

1. 光源；2. 聚光镜；3. 滤色片；4. 透镜；5. 光阑；6. 反射镜；7. 透镜；8. 玻璃工作台；9. 被测工件；10. 物镜；11. 反射棱镜；12. 焦片台；13. 目镜

图 4-22　工具显微镜光学系统

2．工具显微镜光学系统

工具显微镜光学系统如图 4-22 所示。其光学原理为：首先由主光源发出光，经聚光镜、滤色片、透镜、光阑，再经发射镜、透镜和工作台，将被测工件的轮廓经物镜、发射棱镜投射到目镜的焦平面上，从而可从目镜中看到放大后的影像轮廓。另外也可以用发射光源照亮被测工件，工件表面的发射光线经过物镜、发射棱镜投射到目镜的焦平面上。在目镜中同样可观察到放大后的轮廓影像。

3．目镜的结构原理

目镜是工具显微镜的主要工作部分之一，其结构外形如图 4-23（a）所示。通常由玻璃分化板、中央目镜、角度读数目镜、发射镜及手轮等组成。目镜的工作原理如图 4-23（b）所示。从中央目镜中可以观察到：工件轮廓影像及分划板的米字刻线如图 4-23（c）所示；从角度读数目镜中可以观察到：分化板上的 0°～360°的度值刻度线及固定游标分划板上 0′～60′的分值刻线如图 4-23（d）所示。转动手轮，则带动有米字刻线和度值刻线的分划板转动，其转过的角度可从角度读数目镜读出。当从该目镜中观察到固定游标的零刻度线与度值刻度线的零位对准时，则米字刻线中间虚线 *A*—*A* 正好与仪器工作台纵向移动的方向垂直。

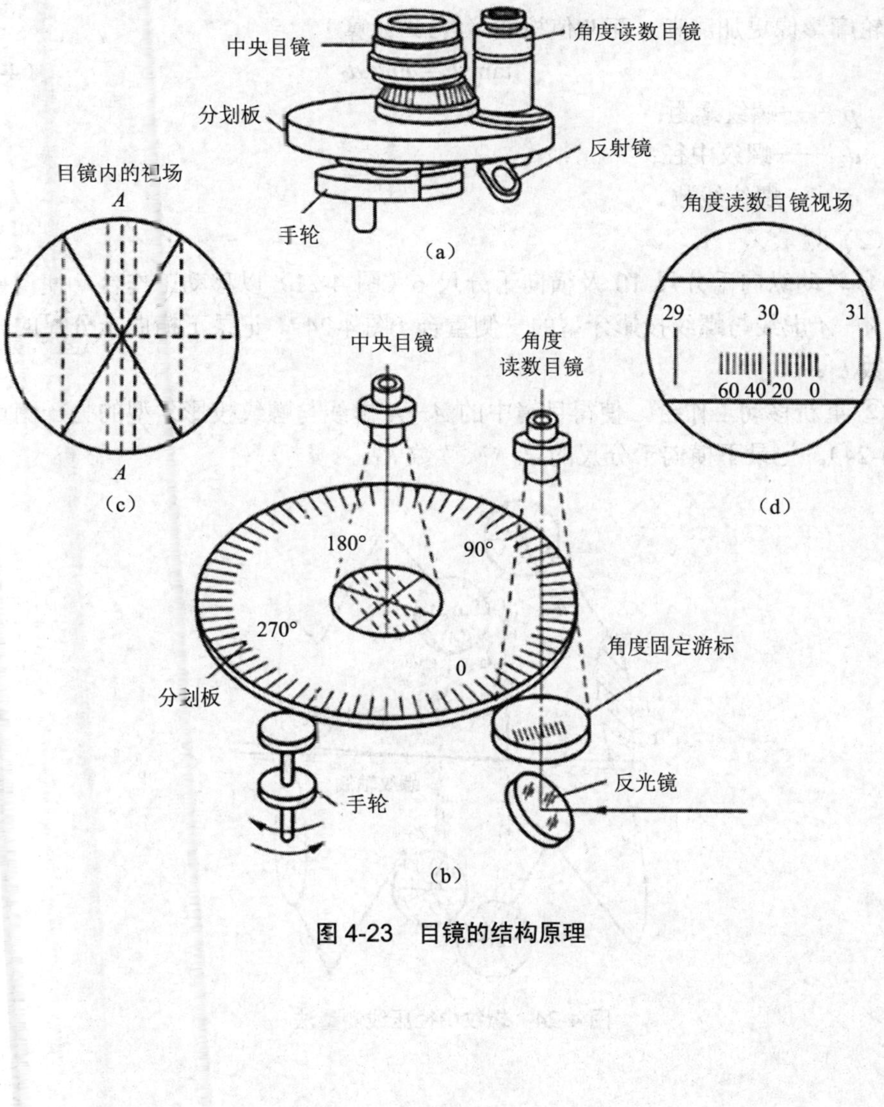

图 4-23　目镜的结构原理

二、外螺纹主要参数测量

1．螺纹中径测量

螺纹中径 d_2 通常指母线通过牙型上沟槽与凸起宽度相等的地方；并且以螺纹轴线为轴线的假想圆柱面的直径。对于单头螺纹，其中径也等于轴截面内沿着与轴线垂直的方向测得的两个相对牙形侧面间的距离。因此，测量时就测量此距离。其操作步骤如下所述。

（1）调整测量位置（一）。

转动手轮 11（图 4-21）使立柱顺螺旋线方向倾斜一个螺旋升角 Ψ。其目的是使得轮廓影像更加清晰。而 Ψ 值按式（4-3）计算

$$\tan\Psi = np/\pi d_2 \tag{4-3}$$

式中，p ——螺纹螺距；

d_2 ——螺纹中径；

n ——螺纹线数。

（2）测量（一）。

① 转动纵向千分尺 10 及横向千分尺 6（图 4-21）以移动工作台，使得目镜中的 $A—A$ 虚线与螺纹投影牙型的一侧重合（图 4-24）。记录下横向千分尺的第一次读数 L_1；

② 重新移动工作台，使得目镜中的 $A—A$ 虚线与螺纹投影牙型的另一侧重合（图 4-24）。记录下横向千分尺的第一次读数 R_1。

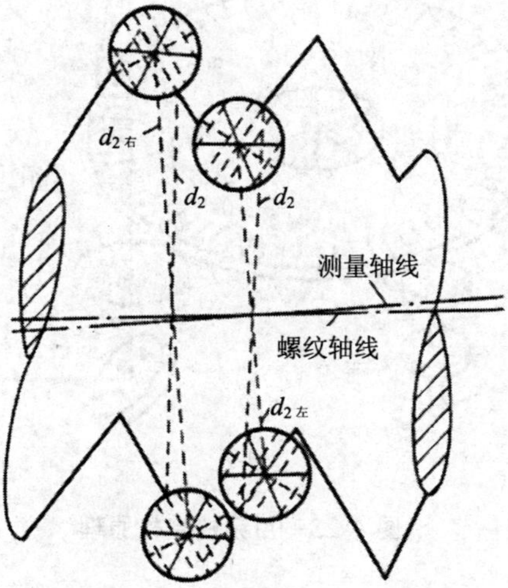

图 4-24 螺纹中径压线测量法

（3）调整测量位置（二）。

转动手轮 11（图 4-21）使立柱在螺旋线相反的方向倾斜一个螺旋升角 Ψ。

（4）测量（二）。

重复测量（一）的操作过程，得到对应的 L_2 和 R_2 读数值。

（5）计算测得的螺纹中径 d_2：

$$d_2 = (d_R + d_L) / 2 \tag{4-4}$$

式中，$d_R = L_1 - L_2$；

$d_L = R_1 - R_2$。

2．螺纹螺距测量

螺纹螺距通常指相邻两牙在中线上对应两点间的轴向距离。测量也相对较为简单。其测量步骤如下所述。

（1）转动纵向千分尺 10 及横向千分尺 6（图 4-21）以移动工作台，使得目镜中的 A—A 虚线与螺纹投影牙型的一侧重合（图 4-25）。记录下纵向千分尺第一次读数。

（2）横向锁住不动，纵向移动工作台，使目镜中的牙型移动 n 个牙（距），并使得目镜中 A—A 虚线与螺纹投影牙型的同侧牙型重合。记录下第二次读数。

（3）两次记录的读数相减之差即为测得的 n 个螺距的程度值。

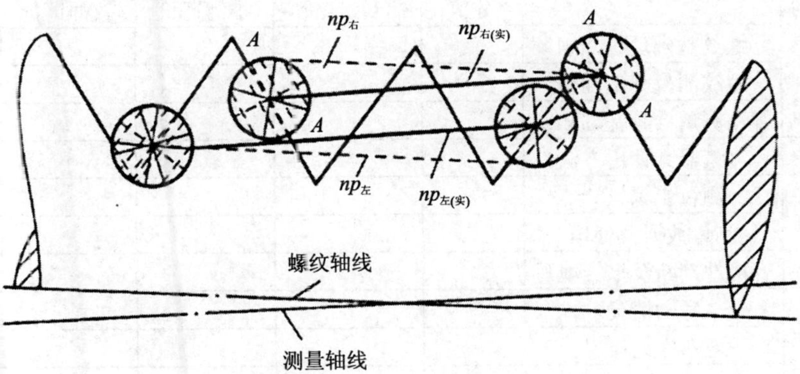

图 4-25 螺纹螺距压线测量法

说明：实际测量时，为了消除螺纹安装误差对测量结果的影响，通常分别对应牙型的左、右两侧各测量一次，然后，取它们的平均值作为测量结果。

【测量训练】

一、测量训练内容

（1）用螺纹千分尺测量螺纹中径；
（2）用三针法测量螺纹中径。

二、测量训练要求

（1）自主选择及使用测量器具；
（2）合理设计测量步骤；
（3）正确计算处理测量数据、评判测量结果、填写测量报告。

三、测量训练评价

学生应按要求独立完成计划和测量训练项目，并按表 4-1 评估打分。评估不合格者应重新申请训练、评估，直至评估通过。

表 4-1 螺纹精度测量训练评价

学生姓名		班级		课程名称		机械测量技术
专业		学号		项目名称		螺纹精度测量训练
评价方面		分值	自我评价	小组评价	教师评价	得分
基础知识	螺纹基础理论知识					
	螺纹测量基础知识					
	螺纹测量器具基础知识					
实训技能	测量器具使用方法					
	测量步骤设计					
	测量数据及处理					
	合格性判断及报告填写					
学习态度及遵章守纪	考勤情况					
	遵章守纪情况					
	团队精神					
实训评估记录	教师________ 日期________					

任务二 蜗杆精度测量

【知识目标】

1. 熟悉蜗杆主要的检验项目；
2. 熟悉蜗杆常用的测量器具，掌握其选择、使用方法。

【技能目标】

1. 掌握使用齿厚千分尺测量蜗杆法向齿厚的操作方法；
2. 掌握数据的正确处理方法及合格性判定。

【测量基础】

蜗杆精度测量通常有法向齿厚测量；分度圆直径测量；蜗杆齿顶圆测量；齿形测量；导程测量等。而实际加工过程中，主要测量的有法向齿厚测量、分度圆直径测量、齿形测量。而齿形是通过样板透光来检验的，相对较为简单，因此，主要介绍法向齿厚测量和分度圆直径测量。

【测量内容】

测量内容一 蜗杆法向齿厚测量

一、测量原理

蜗杆齿厚是蜗杆的重要参数之一，也是必须重点检测的参数。在齿形角正确的前提下，其分度圆直径处轴向齿厚应与该处的齿槽宽度相等。但在实际生产中轴向齿厚直接测量相当困难，因此一般将轴向齿厚 S_x 换算成法向齿厚 S_n，并通过测量法向齿厚来间接判断轴向齿厚是否合格。如图 4-26 所示，其换算关系为：

$$S_n = S_x \times \cos\gamma = (\pi \times m_x) \times \cos\gamma \tag{4-5}$$

式中，S_n ——法向齿厚；

S_x ——轴向齿厚；

γ ——蜗杆螺旋角。

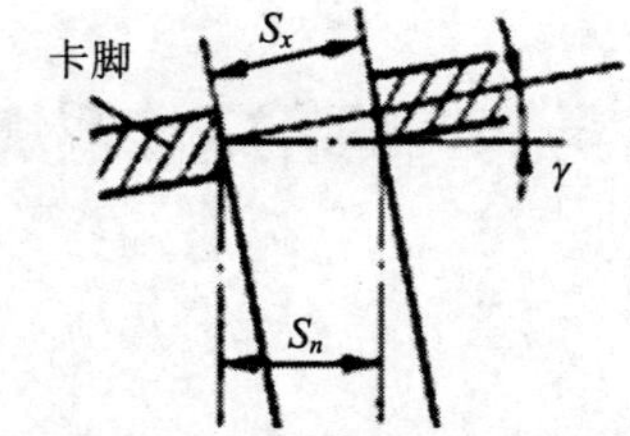

图 4-26　法向齿厚与轴向齿厚

二、测量器具

蜗杆法向齿厚测量用量具通常为齿厚游标尺，如图 4-27 所示。

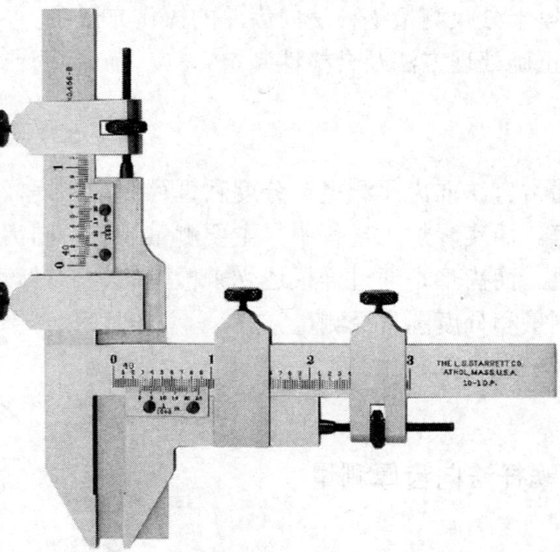

图 4-27　齿厚游标尺

三、测量

（1）将蜗杆测量位置擦拭干净。

（2）校对齿厚游标卡尺零位。

（3）计算蜗杆分度圆齿高，并将齿厚游标尺的齿高游标尺调至该尺寸并锁紧。

（4）测量时，齿厚游标尺身与齿面垂直；齿厚游标尺三测量面与齿面及齿顶紧密接触，如图 4-28 所示；锁紧并移开齿厚游标尺。

（5）正确读出其示值并记录，此示值即为测得的法向齿厚值。

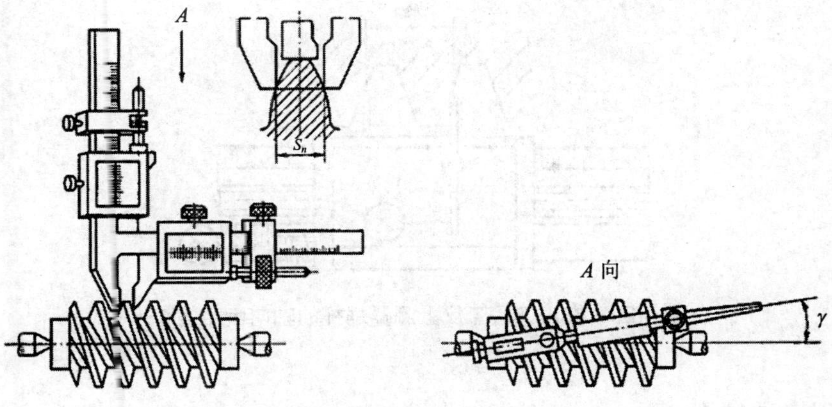

图 4-28 用齿厚千分尺测量蜗杆法向齿厚示意

四、测量结果及合格性判定

(1) 根据式(4-5)计算出轴向齿厚 S_x;

(2) 将所得到的法向齿厚值与计算出法向齿厚 S_n 比较，并判断其合格与否;

(3) 填写检测报告。

测量内容二 蜗杆轴向齿距误差测量

测量蜗杆轴向齿距误差一般可在万能工具显微镜和滚刀检查仪检测。

一、用万能工具显微镜检查蜗杆轴向齿距误差

在万能工具显微镜上测量测量杆轴向齿距误差，其原理和方法与用能工具显微镜测量螺距相同。

测量时，从一端第一个完整的齿开始测量至另一端，相邻两读数之差即为测得的实际轴向齿距。实际轴向齿距与公称轴向齿距之差即为轴向齿距偏差。取其中最大值作为轴向齿距误差的评定值。

二、用滚刀检查仪检测蜗杆轴向齿距误差

在采用滚刀检查仪检测蜗杆轴向齿距误差时，其测量原理如图 4-29 所示。当蜗杆转动时，测微仪沿蜗杆轴线方向移动，蜗杆转动一周，测微仪移动一个理论齿距（由量块确保）。则测微仪读出的误差即为蜗杆轴向齿距误差。

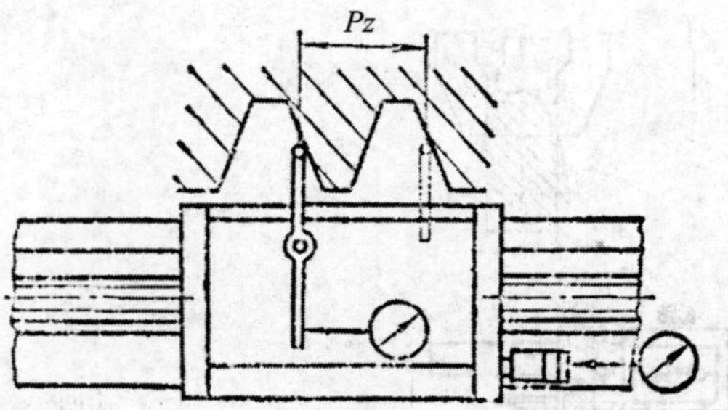

图 4-29 在滚刀检查仪上测量蜗杆的轴向齿距偏差

【测量训练】

一、测量训练内容

用齿厚卡尺测量蜗杆法向齿厚。

二、测量训练要求

（1）自主选择及使用测量器具；
（2）合理设计测量步骤；
（3）正确计算处理测量数据、评判测量结果、填写测量报告。

三、测量训练评价

学生应按要求独立完成计划和测量训练项目，并按表 4-2 评估打分。评估不合格者应重新申请训练、评估，直至评估通过。

表 4-2 蜗杆精度测量训练评价

<table>
<tr><td>学生姓名</td><td></td><td>班级</td><td colspan="2"></td><td>课程名称</td><td colspan="2">机械测量技术</td></tr>
<tr><td>专业</td><td></td><td>学号</td><td colspan="2"></td><td>项目名称</td><td colspan="2">蜗杆精度测量</td></tr>
<tr><td>评价方面</td><td colspan="2"></td><td>分值</td><td>自我评价</td><td>小组评价</td><td>教师评价</td><td>得分</td></tr>
<tr><td rowspan="2">基础知识</td><td colspan="2">蜗杆副基础知识</td><td></td><td></td><td></td><td></td><td></td></tr>
<tr><td colspan="2">蜗杆测量基础知识</td><td></td><td></td><td></td><td></td><td></td></tr>
</table>

	蜗杆测量器具基础知识					
实训技能	测量器具使用方法					
	测量步骤设计					
	测量数据及处理					
	合格性判断及报告填写					
学习态度及遵章守纪	考勤情况					
	遵章守纪情况					
	团队精神					
实训评估记录	教师＿＿＿＿ 日期＿＿＿＿					

项目五　圆柱齿轮的测量

【项目导入】

齿轮传动是现代机械中应用最广的一种机械传动形式，在工程机械、矿山机械、冶金、各种机床及仪器仪表工业中被广泛用来传递运动和动力；齿轮传动除传递回转运动外，也可以把回转运动转变为直线往复运动。本项目主要介绍圆柱齿轮常规测量项目测量方法的基础知识等相关内容。

【项目基础——圆柱齿轮精度基础知识】

一、齿轮传动的特点

齿轮传动是机械传动中应用最为广泛的一类传动，其中最常用的是渐开线齿轮传动，这主要是由于其传动特点所决定的。

优点：

（1）保证传动比恒定不变；

（2）效率高，一般效率$\eta = 0.94$～0.99；

（3）适用的载荷与速度范围很广，传递的功率可由很小到几万千瓦，圆周速度可达 300 m/s；

（4）结构紧凑（较之于带、链传动）；

（5）工作可靠、寿命长。

缺点：

（1）制造、安装精度要求较高（专用机床和刀具加工）；

（2）不适于中心距 a 较大（远距离）两轴间传动；

（3）使用、维护、费用较高；

（4）精度低时，噪声、振动较大。

二、齿轮传动的基本要求

齿轮传动的质量将影响机器或仪器的工作性能、承载能力、使用寿命和工作精度。因此，现代工业中的各种机器和仪器对齿轮传动提出了多方面的要求。

（1）传递运动协调一致，即齿轮传动的准确性。

指从动轮与主动轮转动范围内传动比的变化尽量小。而从动轮转动过程中实际转角往往不同于理论转角，常产生转角误差，导致传递运动不准确。这种转角误差常影响产品的使用性能，应限制在允许的范围内。

（2）传递运动的平稳性。

要求瞬时传动比的变化幅度小，由于齿轮齿廓制造误差，齿轮在啮合过程中，传动比发生高频瞬时突变，传动比这种小周期的变化引起齿轮传动产生冲击、振动和噪声等现象，影响平稳传动质量，必须加以限制。

（3）载荷分布的均匀性。

载荷分布的均匀性是指传动时工作齿面接触良好，在全齿宽上载荷分布均匀，避免载荷集中于局部区域引起应力集中，造成局部过早磨损，以提高齿轮的使用寿命。

（4）合理的齿侧间隙。

齿侧间隙是指齿轮传动的非工作齿面之间应留有一定的间隙。这个侧隙用于储存润滑油，补偿齿轮的制造误差、安装误差和热变形，从而防止齿轮传动发生卡死或烧伤。然而，过大的侧隙也会引起反转时的冲击及回程误差。

齿轮用途不同、工作条件不同，要求的侧重点也不相同。

三、齿轮常见测量项目

齿轮精度测量的项目相对较多，对于不同工作条件的齿轮有不同的重点检测项目，一般情况下，其常规的测量项目有：

（1）齿厚偏差测量；

（2）公法线测量；

（3）齿轮径向跳动测量；

（4）齿距的测量。

【项目测量】

任务一 齿厚偏差测量

【知识目标】

1．了解齿厚偏差的含义及其对齿轮转动的影响；

2．熟悉齿厚游标卡尺的结构、测量原理及功能。

【技能目标】

1．掌握齿厚千分尺的正确使用方法；

2．掌握齿厚偏差的测量方法，能够进行数据处理并正确判断其合格性。

【测量基础】

一、测量器具

齿轮齿厚偏差通常是用齿厚游标卡尺来测量的。其结构如图 5-1 所示。分度值 0.02 mm，测量模数有 1～22 mm。

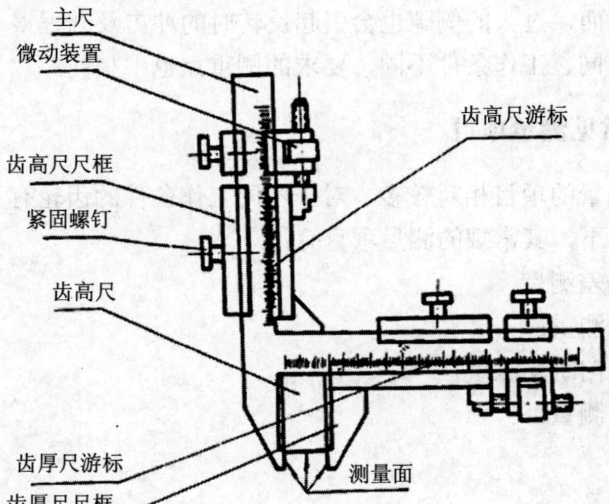

图 5-1　齿厚游标卡尺

二、测量基本原理及方法

用齿厚游标卡尺测量齿轮齿厚，如图 5-2 所示，齿厚游标卡尺比普通的游标卡尺多了一个垂直游标尺。测量时首先把垂直刻度尺的游标调整到弦齿高 h（分度圆至齿顶圆之间的距离）并以紧固螺钉固定，然后将水平卡尺两测量量爪卡在齿轮轮齿上（齿宽中心平面），并使定位高度尺与齿顶相切，再调整水平游标尺，使两测量量爪与齿廓正确接触后进行读数。其原理与读数方法与普通游标卡尺相同。

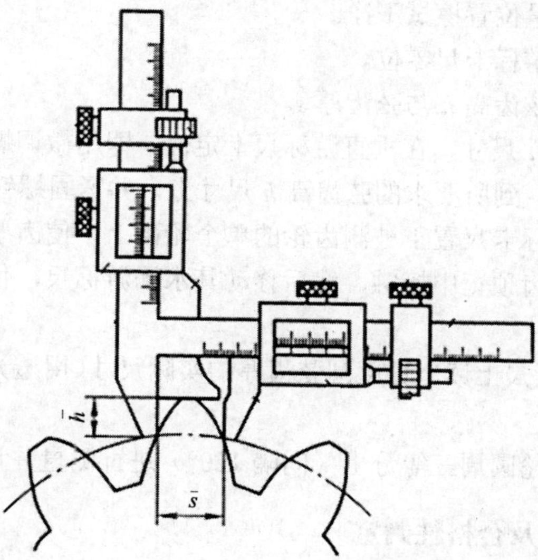

图 5-2 齿厚游标卡尺测量示意

其中，分度圆处公称弦齿高 h 与公称弦齿厚 s 按下式计算：

$$\overline{h}=m\left[-1+\frac{z}{2}\left(1-\cos\frac{90°}{z}\right)\right] \tag{5-1}$$

$$\overline{s}=mz\sin\frac{90°}{z} \tag{5-2}$$

式中，m ——模数，mm；

z ——齿数。

注：上式中 h 值是按公称齿顶圆直径 d_a 计算的，忽略了齿顶圆半径的实际偏差，考虑此项，实际调整的弦齿高 h 应为：

$$\overline{h'} = \overline{h} + \frac{1}{2}E_{d_a}$$

$$\frac{1}{2}E_{d_a} = \frac{1}{2}(d_{a'} - d_a)$$

式中，d_a——齿顶圆实际直径。

三、测量

（1）将齿轮测量位置擦拭干净。

（2）校对齿厚游标卡尺零位。

（3）计算求出弦齿高 h 与弦齿厚 s。

（4）将弦齿高 h 尺寸，在垂直游标尺上定位。即用微调螺钉将垂直游标尺的高度尺定位（调整）到所要求的弦齿高 h 尺寸上，并紧固螺钉。

（5）将齿厚游标卡尺置于被测齿轮的单个轮齿上，使齿厚游标卡尺的高度尺的顶端与单个轮齿齿顶正中接触，然后移动其水平游标尺，使其两量爪与齿廓接触；锁紧并移开。

（6）从水平游标尺上读出分度圆弦齿厚的实际尺寸（用透光法判断接触状况），并记录。

（7）分别在齿轮圆周三等分上（间隔 120°）进行测量并记录。

四、测量结果及合格性判定

（1）对测得数据进行处理。

（2）将所得到的齿厚值与公称齿厚 S 进行比较，并判断其合格与否。

（3）填写测量报告。

【测量训练】

一、测量训练内容

用齿厚卡尺测量尺厚。

二、测量训练要求

（1）自主选择及使用测量器具；

（2）合理设计测量步骤；

（3）正确填写测量报告。

三、测量训练评价

学生应按要求独立完成计划和测量训练项目，并按表 5-1 评估打分。评估不合格者应重新申请训练、评估，直至评估通过。

表 5-1　齿厚偏差测量评价

<table>
<tr><td>学生姓名</td><td></td><td>班级</td><td colspan="2"></td><td>课程名称</td><td colspan="2">机械测量技术</td></tr>
<tr><td>专业</td><td></td><td>学号</td><td colspan="2"></td><td>项目名称</td><td colspan="2">齿厚偏差测量</td></tr>
<tr><td>评价方面</td><td colspan="2"></td><td>分值</td><td>自我评价</td><td>小组评价</td><td>教师评价</td><td>得分</td></tr>
<tr><td rowspan="3">基础知识</td><td colspan="2">齿轮基础理论知识</td><td></td><td></td><td></td><td></td><td></td></tr>
<tr><td colspan="2">齿轮齿厚量具知识</td><td></td><td></td><td></td><td></td><td></td></tr>
<tr><td colspan="2">齿轮齿厚测量基础知识</td><td></td><td></td><td></td><td></td><td></td></tr>
<tr><td rowspan="4">实训技能</td><td colspan="2">测量器具使用方法</td><td></td><td></td><td></td><td></td><td></td></tr>
<tr><td colspan="2">测量步骤设计</td><td></td><td></td><td></td><td></td><td></td></tr>
<tr><td colspan="2">测量数据及处理</td><td></td><td></td><td></td><td></td><td></td></tr>
<tr><td colspan="2">合格性判断及报告填写</td><td></td><td></td><td></td><td></td><td></td></tr>
<tr><td rowspan="3">学习态度及遵章守纪</td><td colspan="2">考勤情况</td><td></td><td></td><td></td><td></td><td></td></tr>
<tr><td colspan="2">遵章守纪情况</td><td></td><td></td><td></td><td></td><td></td></tr>
<tr><td colspan="2">团队精神</td><td></td><td></td><td></td><td></td><td></td></tr>
<tr><td>实训评估记录</td><td colspan="7">教师________ 日期________</td></tr>
</table>

任务二 公法线长度测量

【知识目标】

1．熟悉齿轮公法线长度及其变动量ΔF_w的概念及测量方法；

2．熟悉公法线千分尺的结构、功能及正确使用方法。

【技能目标】

1．掌握齿轮公法线平均长度偏差ΔE_{wm}的测量方法；

2．掌握使用齿轮公法线千分尺测量公法线长度的方法；掌握其测量数据正确计算及处理方法。

【测量基础】

测量齿厚时以齿顶圆为基准，齿顶圆的直径偏差和径向跳动会影响测量结果，所以常用公法线长度偏差来代替齿厚偏差的测量。齿厚减薄会使公法线长度变短，所以公法线长度偏差可以用来间接评价齿侧间隙。

一、测量器具

齿轮的公法线偏差通常是用公法线千分尺来测量的。如图 1-15 所示，其量具测量范围：0～25 mm，分度值：0.01 mm。

二、测量原理

公法线长度变动ΔF_w是指在齿轮一周范围内，实际公法线长度的最大值W_{max}与最小值W_{min}之差。ΔF_w主要反映由于运动偏心而造成的齿轮切向长周期误差。为控制齿侧间隙，还应使公法线平均长度在规定偏差范围内。

1．齿轮公法线长度

齿轮公法线长度是指在基圆柱切平面上跨 k 个齿在接触到一个齿的右齿面和另一个齿的左齿面的两个平行平面之间测得的距离（图 5-3）。这个距离在两个齿廓间沿所有法线都是常数。

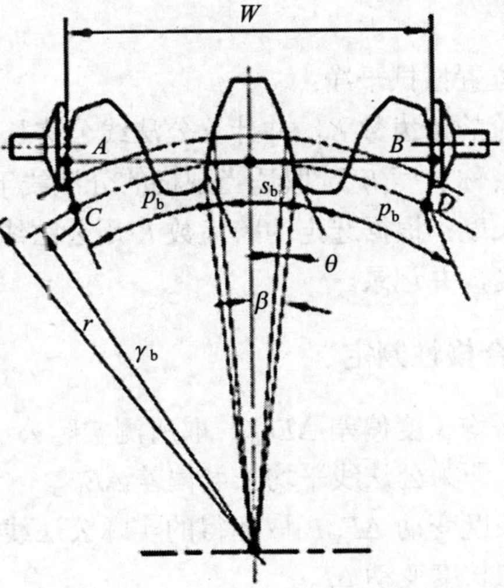

图 5-3 齿轮公法线长度

2．公法线长度变动量

公法线长度变动量通常指公法线最大值 W_{max} 与公法线最小值 W_{min} 之差；即，

$$\Delta F_w = W_{max} - W_{min} \tag{5-3}$$

3．公法线平均长度偏差

公法线平均长度偏差 ΔE_{wm} 是指在齿轮一周范围内，所有实际公法线长度的平均值与公法线长度的公称值之差，即，

$$\Delta E_{wm} = W_{平均} - W_{公称} \tag{5-4}$$

其中，当测量一压力角为 20°的非变位直齿圆柱齿轮时：公法线长度的公称值计算理论公式为：

$$W_k = m[1.476（2k-1）+0.014Z] \tag{5-5}$$

式中：$K = Z/9+0.5$（取整数）。 (5-6)

公法线长度的算术平均值与公称值之差 ΔE_{wm} 作为测量结果，并与设计要求的公法线偏差范围进行比较，从而判断其合格与否。

三、测量

（1）将齿轮测量位置擦拭干净；

（2）计算被测齿轮的跨齿数 K，并计算公法线公称长度 W；

（3）根据公法线公称长度 W 选取适当规格的分法线千分尺，并校对零位；

（4）测量公法线长度：根据选定的跨齿数 K 用公法线千分尺测量沿被测齿轮圆周均布的公法线长度，并记录。

四、测量结果及合格性判定

（1）计算公法线平均长度偏差 ΔE_{wm}：取所测实际公法线长度的平均值 W 后减去公称公法线长度，即为公法线平均长度偏差 ΔE_{wm}；

（2）计算公法线长度变动 ΔF_w：取测得的实际公法线长度中的最大值与最小值之差，为公法线平均长度变动 ΔF_w；

（3）将计算得到的 ΔE_{wm} 与 E_{bni} 及 E_{bns}，并判断其合格性；

（4）填写测量报告。

【测量训练】

一、测量训练内容

用公法线千分尺测量齿轮公法线变动量。

二、测量训练要求

（1）自主选择及使用测量器具；

（2）合理设计测量步骤；

（3）正确填写测量报告。

三、测量训练评价

学生应按要求独立完成计划和测量训练项目，并按表 5-2 评估打分。评估不合格者应重新申请训练、评估，直至评估通过。

表 5-2 齿轮公法线测量评价

<table>
<tr><td>学生姓名</td><td colspan="2"></td><td>班级</td><td></td><td>课程名称</td><td colspan="2">机械测量技术</td></tr>
<tr><td>专业</td><td colspan="2"></td><td>学号</td><td></td><td>项目名称</td><td colspan="2">齿轮公法线测量</td></tr>
<tr><td>评价方面</td><td></td><td>分值</td><td>自我评价</td><td></td><td>小组评价</td><td>教师评价</td><td>得分</td></tr>
<tr><td rowspan="3">基础知识</td><td>齿轮基础理论知识</td><td></td><td></td><td></td><td></td><td></td><td></td></tr>
<tr><td>公法线测量器具基础知识</td><td></td><td></td><td></td><td></td><td></td><td></td></tr>
<tr><td>齿轮公法线测量基础知识</td><td></td><td></td><td></td><td></td><td></td><td></td></tr>
<tr><td rowspan="4">实训技能</td><td>测量器具使用</td><td></td><td></td><td></td><td></td><td></td><td></td></tr>
<tr><td>测量步骤设计</td><td></td><td></td><td></td><td></td><td></td><td></td></tr>
<tr><td>测量数据及处理</td><td></td><td></td><td></td><td></td><td></td><td></td></tr>
<tr><td>合格性判断及报告填写</td><td></td><td></td><td></td><td></td><td></td><td></td></tr>
<tr><td rowspan="3">学习态度及遵章守纪</td><td>考勤情况</td><td></td><td></td><td></td><td></td><td></td><td></td></tr>
<tr><td>遵章守纪情况</td><td></td><td></td><td></td><td></td><td></td><td></td></tr>
<tr><td>团队精神</td><td></td><td></td><td></td><td></td><td></td><td></td></tr>
<tr><td>实训评估记录</td><td colspan="7">

教师________ 日期________</td></tr>
</table>

任务三　齿轮径向跳动测量

【知识目标】

1．了解齿轮径向跳动概念及对齿轮传动精度的影响；

2．熟悉齿轮跳动检查仪的结构、功能及使用方法。

【技能目标】

1．学会齿轮径向跳动检查仪的正确使用、调整；

2．掌握用齿轮跳动检查仪测量齿轮的齿圈径向跳动量的方法及测量数据的正确处理。

【测量基础】

一、测量仪器

齿轮径向跳动测量一般采用齿轮径向跳动检查仪。齿轮径向跳动检查仪是一种多用途的测量仪器（图 5-4），可供检查有中心孔的圆柱、圆锥表面和端面，6级或 6 级以下精度有中心孔的带轴内外啮合圆柱齿轮、圆锥齿轮和蜗轮蜗杆等的径向跳动或端面跳动量。

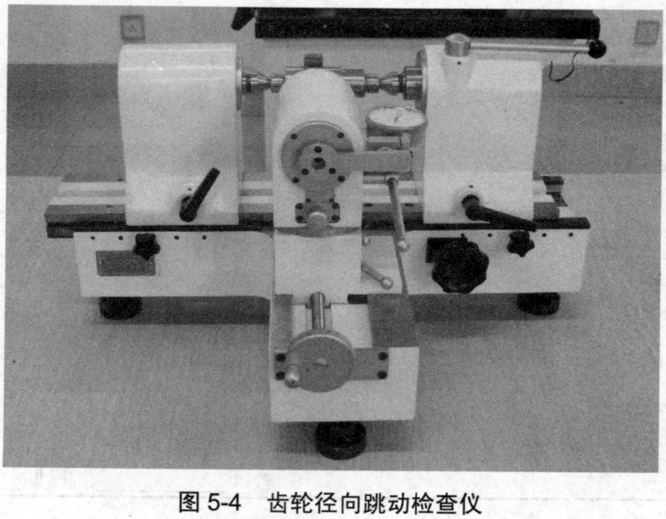

图 5-4　齿轮径向跳动检查仪

1．仪器主要度量指标

测量范围　　　　　　模数 0.3～5 mm
　　　　　　　　　　最大直径～300 mm
指示表值范围　　　　0～1 mm
分度值　　　　　　　0.001 mm

2．仪器结构

齿圈径向跳动误差可用齿圈径向跳动检查仪（如图 5-5 所示）、万能测齿仪或普通偏摆检查仪等仪器测量。本实验采用齿圈径向跳动检查仪来测量，该仪器的结构如图 5-5 所示。

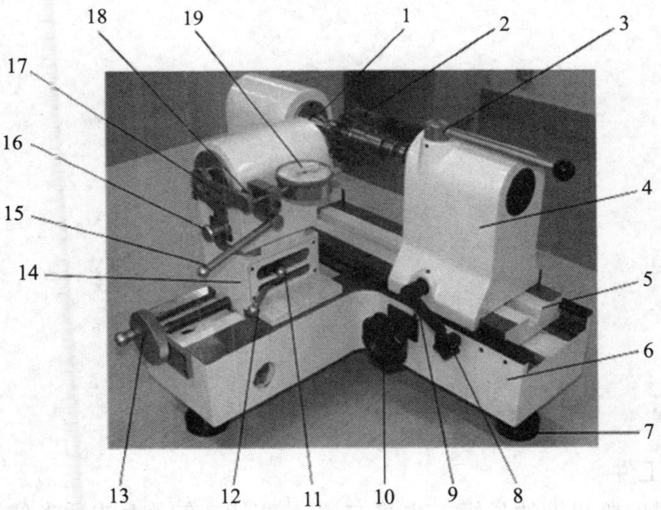

1. 顶尖；2. 被测齿轮轴；3. 顶尖后退手柄；4. 顶尖座；5. 滑板；6. 底座；
7. 调平地脚螺钉；8. 滑板锁紧螺钉；9. 顶尖座锁紧手柄；10. 滑板移动手轮；
11. 转角锁紧手柄；12. 测量滑座锁紧手柄；13. 手轮；14. 测量滑座；15. 测头后退手柄；
16. 测头定位机构；17. 测量板；18. 保护螺钉；19. 指示表

图 5-5　齿轮径向跳动检查仪结构

本仪器主要由顶针架和测量支架两大部分组成。顶针架是安装被测工件的；测量支架是安装百分表的，其上有刻度值，当测量圆柱齿轮时，其上的刻线指向0，若测量圆锥齿轮则需转动相应的节锥角。

二、测量原理

齿圈径向跳动误差 ΔF_r 是在齿轮一转范围内，测头在齿槽内或在轮齿上，与齿高中部双面接触，测头相对于齿轮旋转轴线径向位置的最大变动量。如图 5-6 所示。以齿轮基准孔的轴线为中心，转动齿轮，使齿槽在正上方，再将测头插入齿槽与左右齿面接触，从百分表上读数，依次测量所有齿，取最大读数与最小读数之差作为齿圈径向跳动量 ΔF_r。

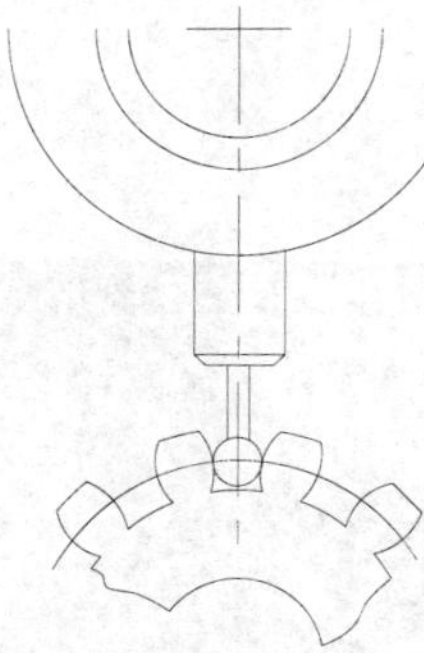

图 5-6　齿圈径向跳动误差 ΔF_r

三、测量

1．安装工件

根据被测齿轮心轴的长短，先将左顶针架固定在滑板的适当位置，分别锁紧左锁紧螺钉，以使顶针架和顶针固定；调整右顶针架的位置，使其顶针顶住心轴中心孔时，松紧适度，无轴向窜动，然后锁紧右边螺钉。以上操作必须用手托住齿轮，勿使齿轮落下砸坏仪器。

2．选择测量头

齿轮径向跳动仪通常有一组测量头（图 5-7），一般根据被测量齿轮的模数，选择合适的球形测量头，装入指示表 5-3 测量杆的下端。

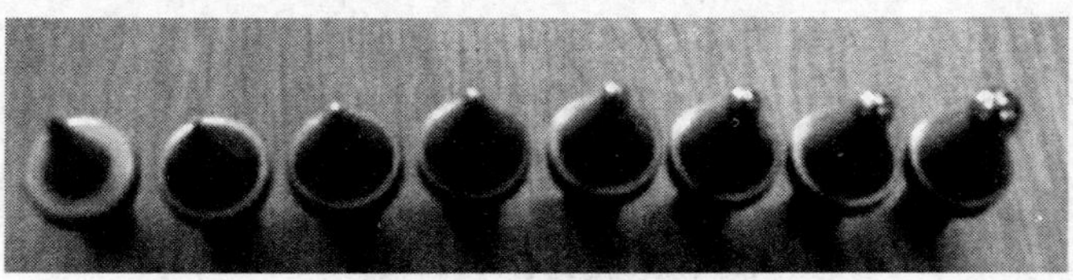

图 5-7　齿轮跳动仪测量头

表 5-3 齿轮跳动仪测量头参数

被测量齿轮模数/mm	1	1.25	1.5	1.75	2	3	4	5
测量头直径/mm	1.7	2.1	2.5	2.9	3.3	5	6.7	8.3

测头直径亦可按式 $d = 1.68\ m$ 决定。使测头在齿轮分度圆处接触。

3. 零位调整

如图 5-5 所示，旋转纵向移动手轮 10，调整滑板位置，使指示表测量头位于齿宽的中部，然后锁紧滑板、锁紧螺钉 8。转动手轮 13 使测头向齿轮（某一齿槽）方向移动，以测头与齿槽双面接触，且百分表 19 的指针大致转过 1～2 圈为宜，随后转动测量滑座锁紧手柄 12 使其固定；用手转动百分表表壳使表中的零线与指针重合，扳动测头后退手柄 15 将测头提起再放下，如此重复操作两三次始终指向零位则调零工作结束。

4. 测量

调零结束后，记下第一个读数；扳动手柄 12 提起测头后将齿轮转过一齿，再将扳手 12 轻轻放下，使测头与第二个齿槽接触，从百分表上读取第二个读数，依次逐齿测量直至全部，最后当齿轮转回到调零槽时，表上读数应与第一个读数相同（百分表指针仍能回到零位），则测量数据有效。若偏差超过±1 格时应检查原因，并重新测量。

四、测量结果

百分表示值中的最大值与最小值之差，即为齿圈径向跳动误差 ΔF_r。按国家标准 GB/T 10095.2—2008 确定被测齿轮径向跳动的公差等级。

【测量训练】

一、测量训练内容

用齿轮径向跳动测量齿轮径向跳动量。

二、测量训练要求

（1）自主选择及使用测量器具；
（2）合理设计测量步骤；
（3）正确填写测量报告。

三、测量训练评价

学生应按要求独立完成计划和测量训练项目，并按表 5-4 评估打分。评估不合格者应重新申请训练、评估，直至评估通过。

表 5-4　齿轮径向测量评价

<table>
<tr><td>学生姓名</td><td></td><td>班级</td><td colspan="2"></td><td>课程名称</td><td colspan="2">机械测量技术</td></tr>
<tr><td>专业</td><td></td><td>学号</td><td colspan="2"></td><td>项目名称</td><td colspan="2">齿轮径向测量</td></tr>
<tr><td>评价方面</td><td colspan="2"></td><td>分值</td><td>自我评价</td><td>小组评价</td><td>教师评价</td><td>得分</td></tr>
<tr><td rowspan="3">基础知识</td><td colspan="2">齿轮基础理论知识</td><td></td><td></td><td></td><td></td><td></td></tr>
<tr><td colspan="2">齿轮径向跳动量仪器基础</td><td></td><td></td><td></td><td></td><td></td></tr>
<tr><td colspan="2">齿轮径向测量基础知识</td><td></td><td></td><td></td><td></td><td></td></tr>
<tr><td rowspan="4">实训技能</td><td colspan="2">测量器具使用方法</td><td></td><td></td><td></td><td></td><td></td></tr>
<tr><td colspan="2">测量步骤设计</td><td></td><td></td><td></td><td></td><td></td></tr>
<tr><td colspan="2">测量数据及处理</td><td></td><td></td><td></td><td></td><td></td></tr>
<tr><td colspan="2">合格性判断及报告填写</td><td></td><td></td><td></td><td></td><td></td></tr>
<tr><td rowspan="3">学习态度及遵章守纪</td><td colspan="2">考勤情况</td><td></td><td></td><td></td><td></td><td></td></tr>
<tr><td colspan="2">遵章守纪情况</td><td></td><td></td><td></td><td></td><td></td></tr>
<tr><td colspan="2">团队精神</td><td></td><td></td><td></td><td></td><td></td></tr>
<tr><td>实训评估记录</td><td colspan="7">

教师________　日期________</td></tr>
</table>

项目六　箱体零件的测量

【项目导入】

箱体类是机器或部件的基础零件，它将机器或部件中的轴、套、齿轮等有关零件组装成一个整体，使它们之间保持正确的相互位置，并按照一定的传动关系协调地传递运动或动力。因此，箱体的加工质量将直接影响机器或部件的精度、性能和寿命。常见的箱体类零件有：机床主轴箱、机床进给箱、变速箱体、减速箱体、发动机缸体和机座等。

本项目主要介绍了箱体类零件的基础知识，箱体类零件的常规测量项目，一般测量方法、步骤及测量器具的选用等相关基础知识。

【项目基础——箱体零件基础知识】

一、箱体零件结构特点

箱体的结构形式多样，但仍有共同的主要特点：形状复杂、壁薄且不均匀，内部呈腔形，加工部位多，加工难度大，既有精度要求较高的孔系和平面，也有许多精度要求较低的紧固孔。因此，一般中型机床制造厂用于箱体类零件的机械加工劳动量占整个产品加工量的15%～20%。

二、箱体零件的技术要求

箱体类零件中以减速器箱体的应用较为普遍，机床主轴箱的精度要求最高。以如图6-1所示某减速器箱体为例，箱体零件的技术要求主要可归纳如下：

（1）孔的尺寸精度、几何形状精度和表面粗糙度；

（2）支承孔之间的相互位置精度；

（3）主要孔和平面相互位置精度；

（4）主要平面的形状精度和表面粗糙度。

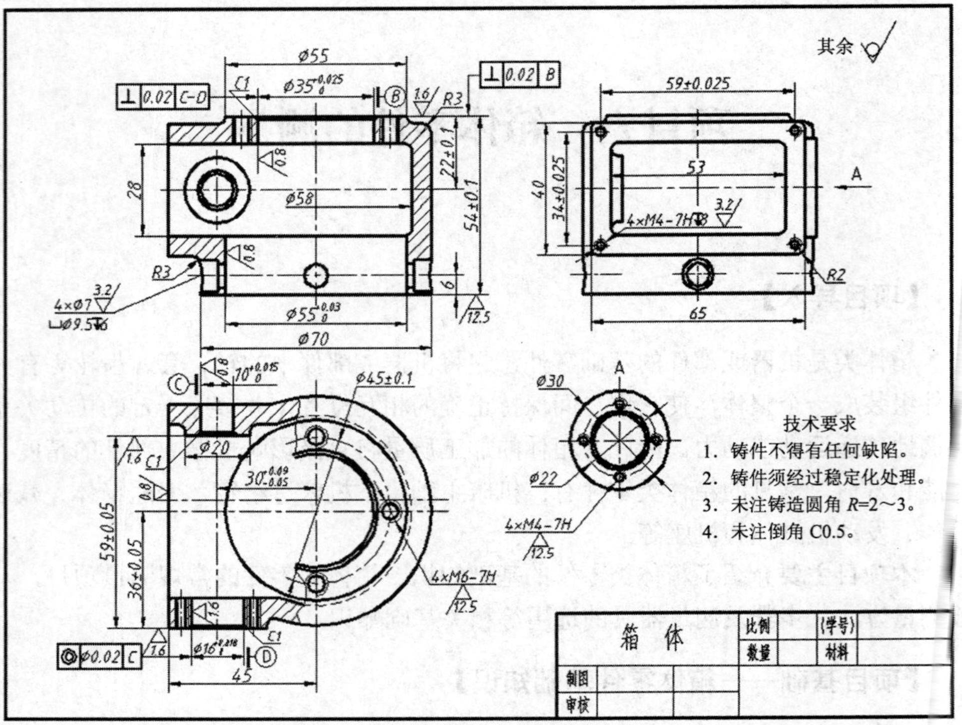

图 6-1 某减速器箱体零件

三、箱体零件的测量项目分析

1. 同轴度误差测量

同一轴线的孔应有一定的同轴度要求，否则，不仅装配有困难，而且使轴的运转情况恶化，温度升高，轴承磨损加剧，齿轮啮合精度下降，引起振动和噪声，影响齿轮寿命。同一轴线上孔的同轴度公差一般为 0.04～0.01 mm。

2. 平面度误差测量

箱体的主要平面是装配基准，并且往往是加工时的定位基准，所以，应有较高的平面度和较小的表面粗糙度值，否则，直接影响箱体加工时的定位精度，影响箱体与机座总装时的接触刚度和相互位置精度。一般箱体主要平面的平面度在 0.1～0.03 mm，表面粗糙度 *Ra* 2.5～0.63 μm。

3. 平行度误差测量

各支承孔之间也应有一定的孔距尺寸精度及平行度要求，支承孔之间的孔距公差为 0.12～0.05 mm，平行度公差应小于孔距公差，一般在全长取 0.1～0.04 mm。

支承孔与主要平面的平行度公差为 0.1～0.05 mm。

4．垂直度误差测量

主要平面间及主要平面对支承孔之间垂直度公差为 0.1～0.04 mm。各主要平面对装配基准面垂直度为 0.1/300。

任务一　同轴度误差测量

【知识目标】

1．熟悉同轴度公差的含义；

2．了解箱体零件同轴度误差测量的内容及意义。

【技能目标】

1．熟悉箱体零件同轴度误差测量器具的选择；

2．掌握正确使用百分表和心轴对轴和孔的同轴度精度测量的方法及步骤，能正确地对同轴度测量结果进行合格性判断。

【测量基础】

一、测量目标分析

同轴度公差：圆柱面（圆锥面）的轴线可能发生平移、倾斜、弯曲，同轴度用于控制被测轴线（或圆心）与基准轴线（圆心）的重合程度。同轴度公差是被测轴线（或圆心）与基准轴线（圆心）的允许变动量。同轴度公差带是直径为公差值 t 且与基准轴线同轴的圆柱面内的区域。如图 6-2 所示，台阶轴要求ϕd的轴线必须位于直径为公差值 t mm，且与基准轴线同轴的圆柱面内。ϕd 的实际轴线应位于此公差带内。

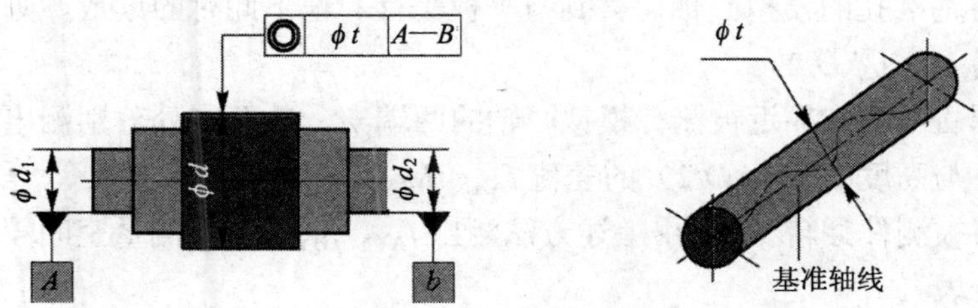

图 6-2　同轴度公差带示意

二、测量同轴度误差方法及原理

同轴度误差的检测是要找出被测轴线离开基准轴线的最大距离，以其两倍值定为同轴度误差。

1．轴类零件的打表法测量

图 6-3 所示某轴两处圆柱面的同轴度要求，可用打表方法测量。以两基准圆柱面中部的中心点边线作为公共基准轴线。即将零件放置在刃口状 V 形架上，将两指示器分别在铅垂轴截面调零。

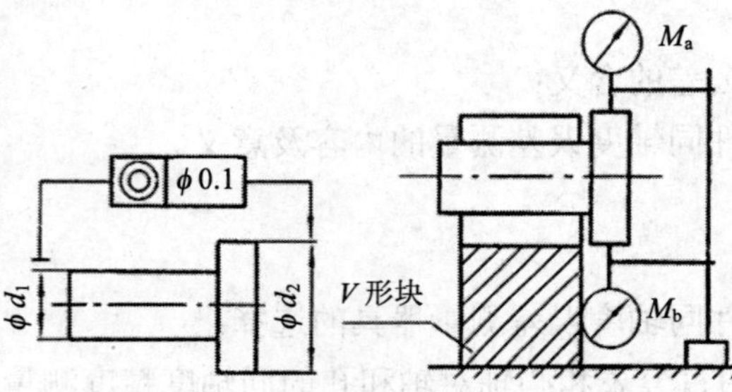

图 6-3　打表法测量同轴度

（1）轴向测量，取指示器在垂直基准轴线的正截面上测得各对应点的读数差值作为该截面上的同轴度误差。

（2）转动被测零件按上述方法测量若干个截面，取各截面测得读数差中的最大值（绝对值）作为该零件的同轴度误差。

此方法适用范围为形状误差较小的零件，如零件较长可放置在两个等高的刃口状 V 形架上。

2．箱体中有同轴度要求的两孔的同轴度误差测量

（1）可用一长心轴模拟被测孔的公共轴线，用一短心轴模拟基准孔的轴线。将被测箱体的底面置于三个可调支承上。

（2）将基准孔的模拟心轴调整到与平板平行，记下此时的读数，则该点至平板的距离为 $L+(\phi D/2)$。

（3）用百分表在靠近被测孔模拟心轴的两端 A、B 两点处分别测出最高点读数，并计算与高度 $L+(\phi D/2)$ 的差值 f_{AX}、f_{BX}。

（4）将被测件翻转 90°，用上述方法测出 f_{AY}、f_{BY}（由于测量空间较小，要改用杠杆百分表）。

（5）计算被测孔两端的同轴度误差。

A 点处的同轴度误差为：$f_A = 2\sqrt{f^2{}_{AX} + f^2{}_{AY}}$

B 点处的同轴度误差为：$f_B = 2\sqrt{f^2{}_{BX} + f^2{}_{BY}}$

取其中较大者作为该被测孔的同轴度误差。两孔的同轴度误差测量如图 6-4 所示。

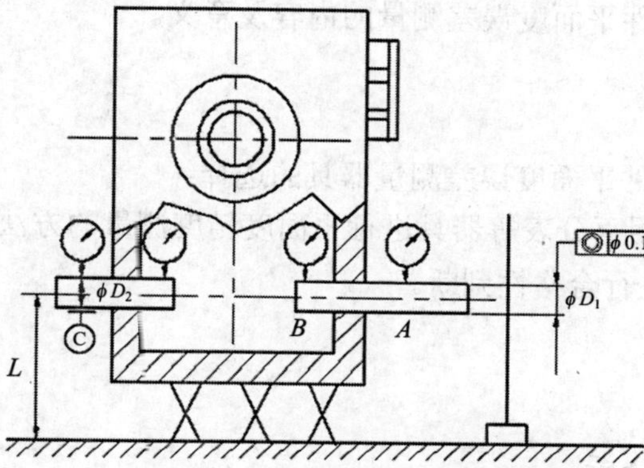

图 6-4 两孔的同轴度误差测量

【测量内容】

一、测量器具选择

V 形架、百分表、百分表专用表夹和表座、测量心轴若干、标准测量平板。

二、测量步骤

（1）读零件图，并说明零件图上的位置公差项目要求。
（2）说明公差的含义。
（3）测量孔的轴线相对于基准孔的同轴度误差。

三、测量结果及合格性判断

将测量结果填入表中，根据零件公差，进行合格性评定，当实测值小于给定的公差值时该项目合格。

任务二 平面度误差测量

【知识目标】

1. 熟悉平面度公差的含义；
2. 了解箱体零件平面度误差测量的内容及意义。

【技能目标】

1. 熟悉箱体零件平面度误差测量器具的选择；
2. 掌握正确使用百分表等器具进行平面度精度测量的方法及步骤，能正确地对平面度测量结果进行合格性判断。

【测量基础】

一、测量目标分析

平面度是限制实际表面对理想平面变动的一项指标，用于平面的形状精度要求。如图 6-5 所示，平面的平面度为公差带，是距离为公差值 0.06 mm 的两平行面所限定的区域。

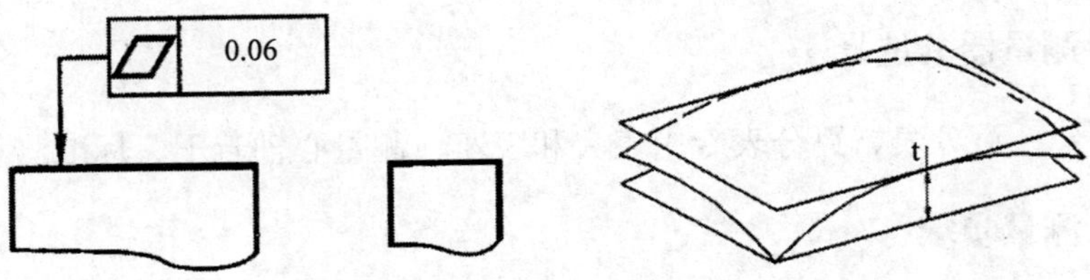

图 6-5 平面度公差

平面度测量是指被测实际表面对其理想平面的变动量。平面度误差是将被测实际表面与理想平面进行比较，两者之间的垂线距离值即为平面度误差值；或通过测量实际表面上若干点的相对高度差，再换算以线值表示的平面度误差值。

二、测量平面度误差方法及原理

平面度误差测量的常用方法包括打表测量法、直线度测量法、平晶干涉法、液平面法、光束平面法和激光平面度测量等。

1．打表测量法

打表测量法是将被测零件和测微计放在标准平板上，以标准平板作为测量基准面，用测微计沿实际表面逐点或沿几条直线方向进行测量。打表测量法按评定基准面分为三点法和对角线法。三点法是用被测实际表面上相距最远的三点所决定的理想平面作为评定基准面，实测时先将被测实际表面上相距最远的三点调整到与标准平板等高。对角线法实测时先将实际表面上的四个角点按对角线调整到两两等高，然后用测微计进行测量，测微计在整个实际表面上测得的最大变动量即为该实际表面的平面度误差。图 6-6 为三点法测量平面度示意图。

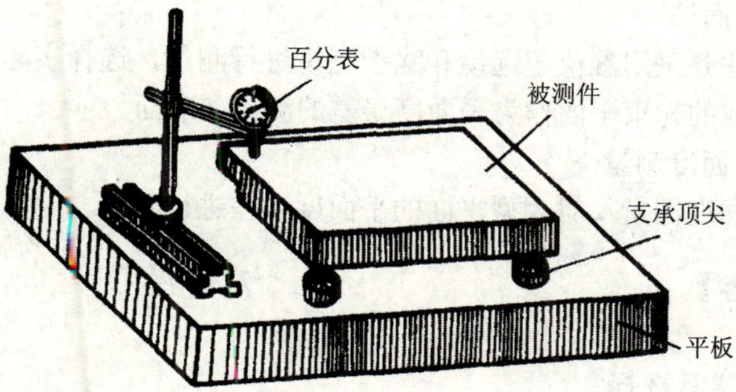

图 6-6 三点法测量平面度

三点法测量平面度误差步骤：

(1) 清洗工件、支座、平台；

(2) 安装磁力表座、百分表、支座、平台、工件；

(3) 调整百分表位置，使测杆垂直于测量平台，且测头与被测工件被测要素接触并压下 0.5～1 mm（即百分表大指针转过半圈至一圈左右）；

(4) 调整支座升降，使工件被测要素最远端三点相对于测量平台等高；

(5) 画线、布点（等分工件）；

(6) 测量、读数、记录；

(7) 利用最大值减去最小值的办法求出被测工件的平面度误差，根据零件图的技术要求判定零件的合格性。

2．直线度测量法

平面是由直线组成的，因此直线度测量中直尺法、光学准直法、光学自准直法、重力法等也适用于测量平面度误差。测量平面度时，先测出若干截面的直线度，再把各测点的量值按平面度公差带定义（见形位公差）利用图解法或计算法进行数据处理即可得出平面度误差。

3．平晶干涉法

用光学平晶的工作面体现理想平面，直接以干涉条纹的弯曲程度确定被测表面的平面度误差值。主要用于测量小平面，如量规的工作面和千分尺测头测量面的平面度误差。

4．液平面法

液平面法是用液平面作为测量基准面，液平面由“连通罐”内的液面构成然后用传感器进行测量。此法主要用于测量大平面的平面度误差。

5．光束平面法

光束平面法是采用准值望远镜和瞄准靶镜进行测量，选择实际表面上相距最远的三个点形成的光束平面作为平面度误差的测量基准面。

6．激光平面度测量

用激光平面度测量仪对大型平面的平面度误差进行测量。

【测量内容】

一、测量器具选择

磁力表座、表夹、百分表、千分表、工件、标准测量平板、支承顶尖等。

二、测量步骤

（1）读零件图，并说明零件图上的形状公差项目要求；

（2）说明公差的含义；

（3）测量被测平面的平面度误差值。

三、测量结果及合格性判断

将测量结果填入表中，根据零件公差，进行合格性评定，当实测值小于给定的公差值时该项目合格。

任务三 平行度误差测量

【知识目标】

1. 熟悉平行度公差的含义；
2. 了解箱体零件平行度误差测量的内容及意义。

【技能目标】

1. 熟悉箱体零件平行度误差测量器具的选择；
2. 掌握正确使用百分表、心轴等测量工具进行平行度精度测量的方法及步骤，能正确地对平行度测量结果进行合格性判断。

【测量基础】

一、测量目标分析

平行度指两平面或者两直线平行的程度，指一平面（边）相对于另一平面（边）平行的误差最大允许值。平行度评价直线之间、平面之间或直线与平面之间的平行状态。其中一个直线或平面是评价基准，而直线可以是被测样品的直线部分或直线运动轨迹，平面可以是被测样品的平面部分或运动轨迹形成的平面。

根据基准要素与被测要素的不同，平行度公差分为四种类型：面对面、面对线、线对面和线对线。

1．面对面

面对面的公差带是距离为公差值 t 且平行于基准平面的两平行平面之间的区域。图 6-7 所示的面对面平行度公差为：所指表面必须位于距离为 0.05 mm，且平行于基准平面的两平行平面之间。

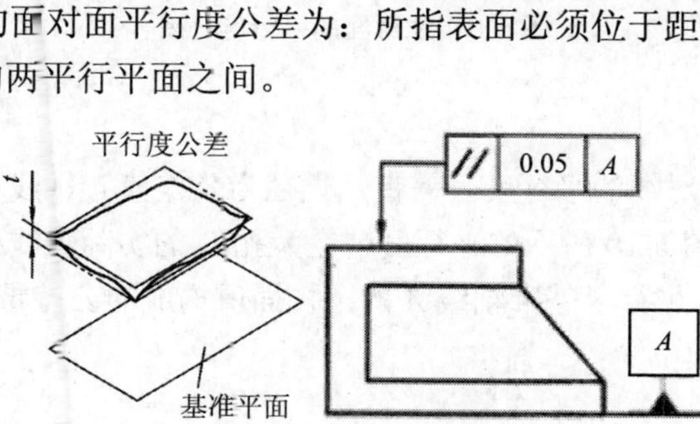

图 6-7 面对面的平行度公差

2．面对线

面对线的公差带是距离为公差值 t 且平行于基准轴线的两平行平面之间的区域。图 6-8 所示的面对线平行度公差为：所指平面必须位于距离为 0.1 mm，且平行于基准轴线的两平行平面之间。

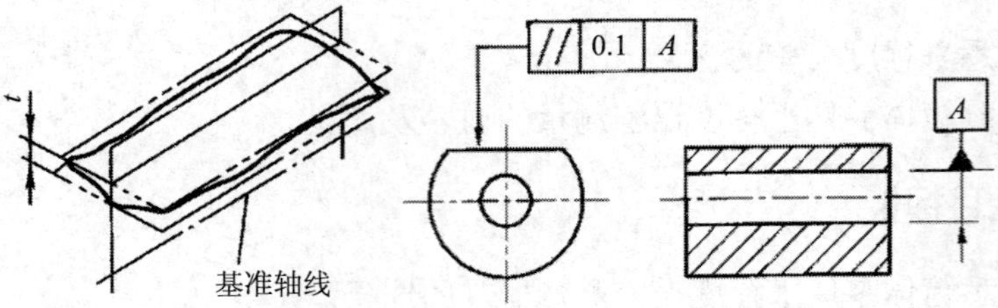

图 6-8　面对线的平行度公差

3．线对面

线对面的公差带是距离为公差值 t 且平行于基准面的两平行平面之间的区域。图 6-9 所示的线对面平行度公差为：孔的轴线必须位于距离为公差值 0.03 mm，且平行于基准平面的两平行平面之间。

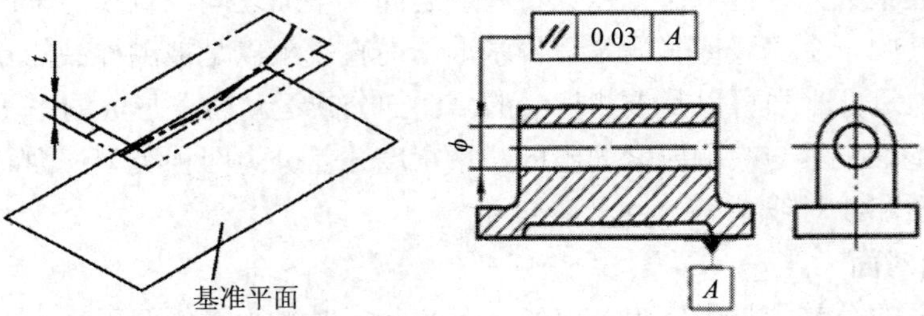

图 6-9　线对面的平行度公差

4．线对线

任意方向上线对线的平行度公差带是直径为公差值 t，轴线平行于基准轴线的圆柱面内的区域。图 6-10 所示的平行度公差为孔 D 的实际轴线必须位于直径为公差值 0.1 mm，轴线平行于基准轴线 A 的圆柱面所构成的公差带区域内。

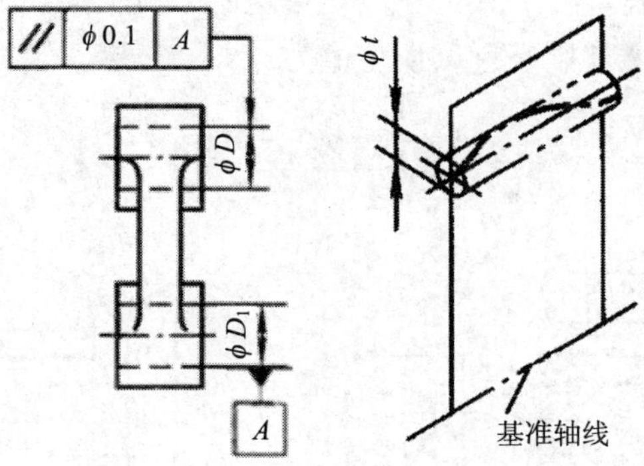

图 6-10 线对线的平行度公差

二、测量平行度误差方法及原理

1. 测量面对面平行度误差

如图 6-11 所示，公差要求是测量面相对于基准平面的平行度误差。基准平面用平板体现，测量时，双手推拉表架在平板上缓慢地做前后滑动，用百分表或千分表在被测平面内滑过，找到指示表读数的最大值和最小值。平行度误差值为最大和最小读数差。

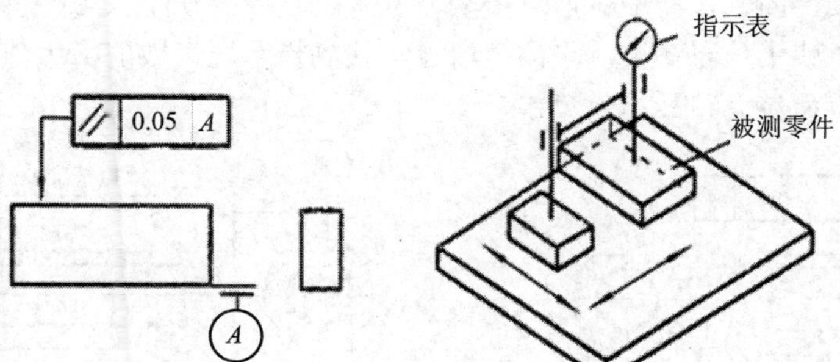

图 6-11 面对面的平行度测量

2. 测量线对面平行度误差

如图 6-12 所示，公差要求是测量孔的轴线相对于基准平面的平行度误差。需要用心轴模拟被测要素，将心轴装于孔内，形成稳定接触，基准平面用精密平板体现。测量时，双手推拉表架在平板上缓慢地做前后滑动，当百分表或千分表从心轴上素线滑过，找到指示表指针转动的往复点（极限点）后，停止滑动，进行读数。在被测心轴上确定两个测点 a、b，设这两个测点距离为 L_2，指示表在两测点的读数分别 M_1 和 M_2，则平行度误差值为

$$\Delta=\frac{L_1}{L_2}\times\left|M_1-M_2\right|$$

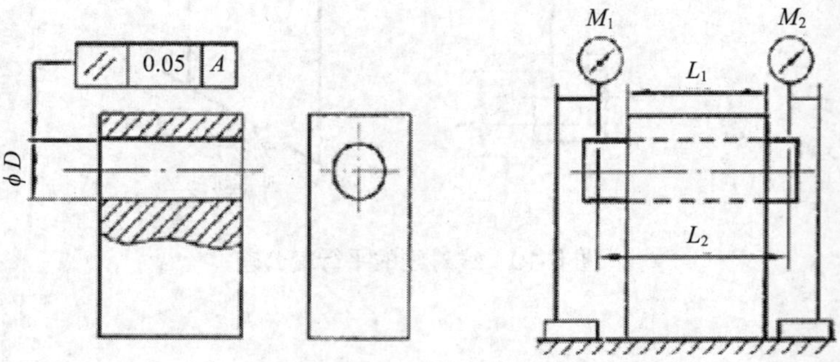

图 6-12　线对面的平行度测量

3．测量面对线平行度误差

如图 6-13 所示，公差要求是测量面相对于基准轴线的平行度误差。需要用心轴模拟被基准要素，将心轴装于孔内，用一对等高支承基准心轴，就认为找正好了。测量时，先将被测实际表面上相距最远的两点调整到与标准平板等高，双手推拉表架在测量面上缓慢地做前后滑动，双手推拉表架在平板上缓慢地做前后滑动，用百分表或千分表在被测平面内滑过，找到指示表读数的最大值和最小值。平行度误差值为最大和最小读数差。

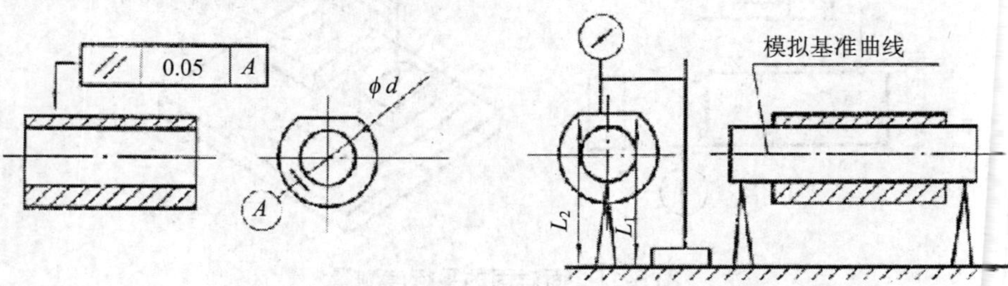

图 6-13　面对线的平行度测量

4．测量线对线平行度误差

如图 6-14 所示，公差要求是测量孔的轴线相对于基准孔的轴线的平行度误差。需要用心轴模拟被测要素和基准要素，将两根心轴装于基准孔和被测孔内，形成稳定接触。测量前，要先找正基准要素，找正基准心轴上素线与平板工作

面平行。实验时用一对等高支承基准心轴，就认为找正好了。也可以用一个固定支承和一个可调支承基准心轴，双手推拉表架在平板上缓慢地做前后滑动，调整可调支承，当指示表在基准心轴上素线左右两端的读数相同时，就认为找正好了。

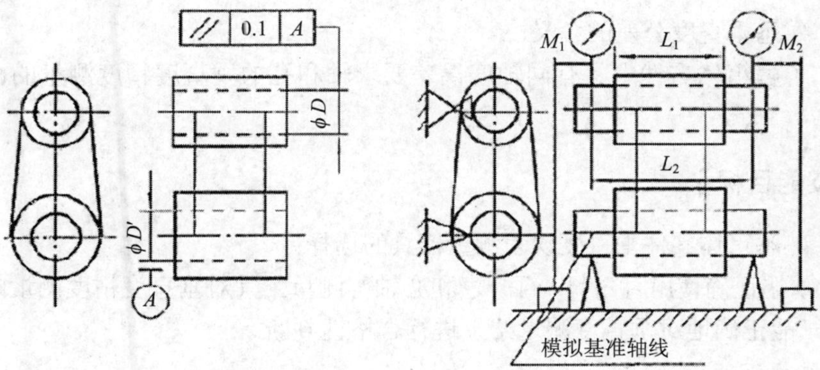

图 6-14 线对线的平行度测量

【测量内容】

一、测量器具选择

磁力表座、表夹、百分表、千分表、工件、标准测量平板、标准心轴若干等。

二、测量步骤

（1）读零件图，并说明零件图上的形状公差项目要求；

（2）说明公差的含义；

（3）测量被测要素的平行度误差值。

三、测量结果及合格性判断

将测量结果填入表中，根据零件公差，进行合格性评定，当实测值小于给定的公差值时该项目合格。

任务四 垂直度误差测量

【知识目标】

1. 熟悉垂直度公差的含义；

2. 了解箱体零件中具有同轴度误差要求轴和孔的垂直度精度测量的内容及意义。

【技能目标】

1. 熟悉箱体零件垂直度误差测量器具的选择；

2. 掌握正确使用直角尺、百分表和心轴等测量工具对垂直度精度测量的方法及步骤，能正确地对垂直度测量结果进行合格性判断。

【测量基础】

一、测量目标分析

垂直度是表示零件上被测要素相对于基准要素，保持正确的 90°夹角状况。也就是通常所说的两要素之间保持正交的程度。垂直是用符号“⊥”来表示的。垂直度是位置公差，垂直度公差是：被测要素的实际方向，对于基准相垂直的理想方向之间所允许的最大变动量。公差带为间距等于公差值 t、垂直于基准平面的两平行平面所限定的区域。也就是图 6-15 所给出的，用以限制被测实际要素偏离垂直方向，所允许的最大变动范围为 0.08 mm。

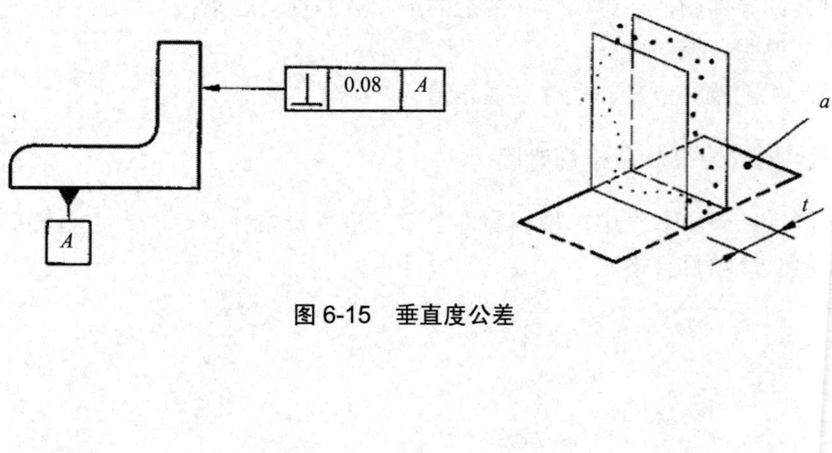

图 6-15 垂直度公差

二、测量垂直度误差方法及原理

对于垂直度误差的测量一般采用 90°直角尺，凭经验看光隙进行估测，或是90°直角尺加塞尺测量，如图 6-16 所示。90°直角尺可以选择镁铝直角尺、铸铁直角尺、大理石直角尺、铸铁弯板、检验方箱等，这两种检测方法只能进行垂直度的粗测，并不能准确地读出垂直度误差的数值，测量的误差也较大。如果要比较准确测量垂直度误差，常用的几种方法如下所述。

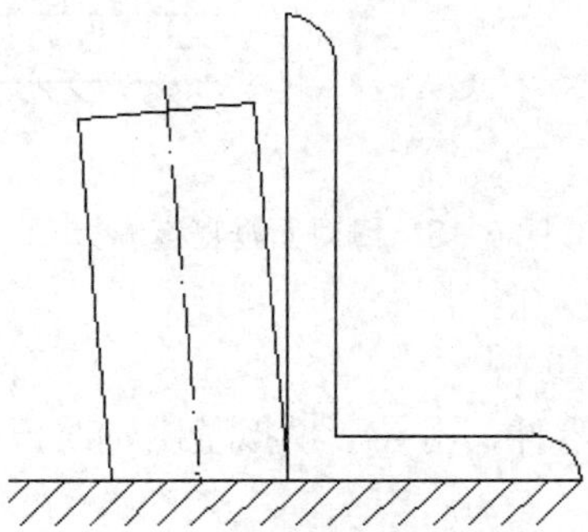

图 6-16 垂直度粗测法

1．面对面的垂直度测量

测量如图 6-17 所示的零件，基面与直角座接触并使被测面靠近基准的一侧读数差最小，在被测面打表，垂直度为最大、最小读数差。

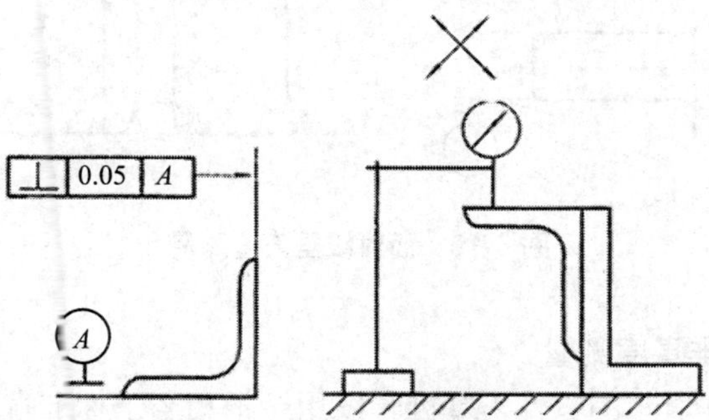

图 6-17 面对面垂直度测量

2．线对面的垂直度测量

测量如图 6-18 所示的零件，将基面与平板接触，表座放在直角座上，在相距 L_2 两处打表，得读数 M_1、M_2，对应处直径为 d_1、d_2，则垂直度误差为：

$$\Delta = \frac{L_1}{L_2} \times \left| (M_1 - M_2) + \frac{d_1 - d_2}{2} \right|$$

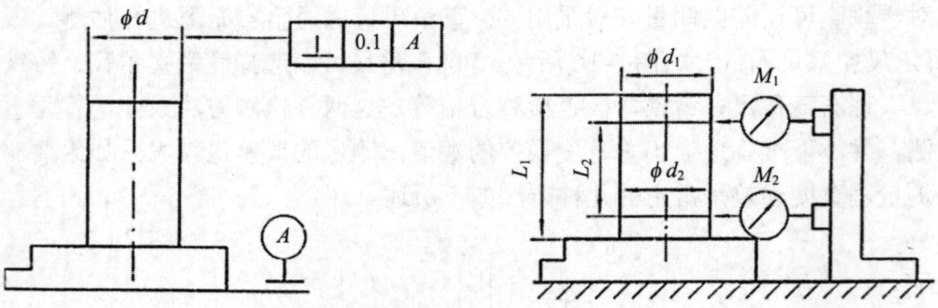

图 6-18 线对面垂直度测量

3. 面对线的垂直度测量

测量如图 6-19 所示的零件，用导套模拟基准轴线，在被测面打表，垂直度误差为最大和最小读数差。

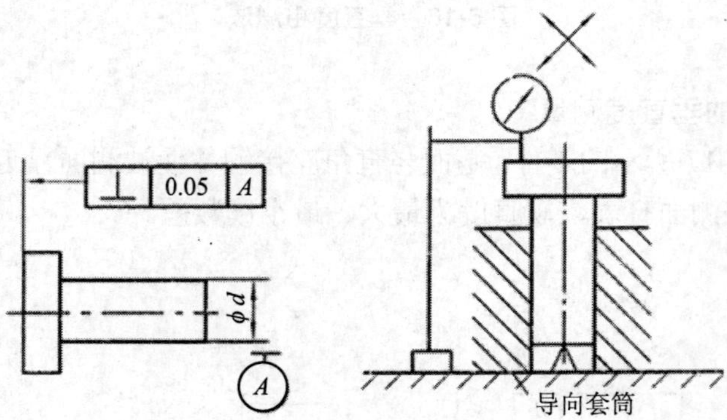

图 6-19 面对线垂直度测量

4. 线对线的垂直度测量

测量如图 6-20 所示的零件，基准轴线用一根相当于标准直角尺的心轴模拟，被测轴线用心轴模拟，表座放在基准心轴上，在被测心轴上打表，转动基准心轴，在测量距离为 L_2 的两个位置上测得的数值分别为 M_1 和 M_2。则垂直度误差为：

$$\Delta = \frac{L_1}{L_2} \times |M_1 - M_2|$$

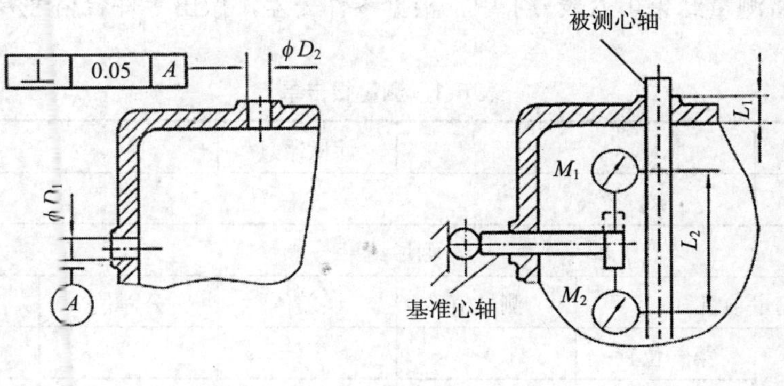

图 6-20 面对线垂直度测量

【测量内容】

一、测量器具选择

磁力表座、表夹、百分表、千分表、工件、标准测量平板、标准心轴若干、铸铁直角尺、检验方箱等。

二、测量步骤

（1）读零件图，并说明零件图上的形状公差项目要求；
（2）说明公差的含义；
（3）测量被测要素的垂直度误差值。

三、测量结果及合格性判断

将测量结果填入表中，根据零件公差，进行合格性评定，当实测值小于给定的公差值时该项目合格。

【测量训练】

一、测量训练内容

（1）零件图如图 6-1 所示，说明零件图上形位公差项目。
（2）说明各公差项目的含义。
（3）测量图 6-1 中的位置公差误差。

（4）将测量结果填入表 6-1 中，根据零件公差，做出零件合格性判定。

表 6-1　测量报告单

<table>
<tr><td>被测件名称</td><td colspan="3"></td><td>计量器具</td><td></td></tr>
<tr><td>测量项目</td><td colspan="5"></td></tr>
<tr><td colspan="6">测量结果</td></tr>
<tr><td colspan="2">测量项目</td><td>测量值</td><td>误差值</td><td>公差值</td><td>合格性</td></tr>
<tr><td rowspan="3">同轴度误差</td><td>第一位置</td><td></td><td></td><td></td><td></td></tr>
<tr><td>第二位置</td><td></td><td></td><td></td><td></td></tr>
<tr><td>第三位置</td><td></td><td></td><td></td><td></td></tr>
<tr><td rowspan="4">垂直度误差</td><td>面对面</td><td></td><td></td><td></td><td></td></tr>
<tr><td>线对面</td><td></td><td></td><td></td><td></td></tr>
<tr><td>面对线</td><td></td><td></td><td></td><td></td></tr>
<tr><td>线对线</td><td></td><td></td><td></td><td></td></tr>
<tr><td rowspan="4">平行度误差</td><td>面对面</td><td></td><td></td><td></td><td></td></tr>
<tr><td>线对面</td><td></td><td></td><td></td><td></td></tr>
<tr><td>面对线</td><td></td><td></td><td></td><td></td></tr>
<tr><td>线对线</td><td></td><td></td><td></td><td></td></tr>
</table>

二、测量训练要求

（1）自主选择及使用测量器具；
（2）合理设计测量步骤；
（3）正确填写测量报告。

三、测量训练评价

学生应按要求独立完成计划和测量训练项目，并按表 6-2 评估打分。评估不合格者应重新申请训练、评估，直至评估通过。

表 6-2 测量技能训练评估

<table>
<tr><td>学生姓名</td><td colspan="2"></td><td>班级</td><td></td><td colspan="2">课程</td><td colspan="3">机械测量技术</td></tr>
<tr><td>专业</td><td colspan="2"></td><td>学号</td><td></td><td colspan="2">测量项目</td><td colspan="3">箱体精度测量</td></tr>
<tr><td>评价方面</td><td colspan="4">测量评价内容</td><td>分值</td><td>自我评价</td><td>小组评价</td><td>教师评价</td><td>得分</td></tr>
<tr><td rowspan="3">基础知识</td><td colspan="4">箱体类零件表面技术要求、尺寸公差知识</td><td></td><td></td><td></td><td></td><td></td></tr>
<tr><td colspan="4">箱体类零件的结构特点和主要度量指标</td><td></td><td></td><td></td><td></td><td></td></tr>
<tr><td colspan="4">百分表、心轴配合使用方法</td><td></td><td></td><td></td><td></td><td></td></tr>
<tr><td rowspan="7">实训技能</td><td rowspan="2">第一阶段：
调节仪器</td><td colspan="3">选用与被测零件相应的百分表和心轴</td><td></td><td></td><td></td><td></td><td></td></tr>
<tr><td colspan="3">检验百分表的零位是否对准</td><td></td><td></td><td></td><td></td><td></td></tr>
<tr><td rowspan="2">第二阶段：
测量并记录数据</td><td colspan="3">准确测量平行度、垂直度误差</td><td></td><td></td><td></td><td></td><td></td></tr>
<tr><td colspan="3">熟练读出百分表的读数并记录</td><td></td><td></td><td></td><td></td><td></td></tr>
<tr><td rowspan="3">第三阶段：
测量数据分析与处理</td><td colspan="3">根据实验数据确定误差值</td><td></td><td></td><td></td><td></td><td></td></tr>
<tr><td colspan="3">测量数据是否达到要求</td><td></td><td></td><td></td><td></td><td></td></tr>
<tr><td colspan="3">评定此零件尺寸的合格性，完成实验报告，要字迹清楚</td><td></td><td></td><td></td><td></td><td></td></tr>
<tr><td rowspan="4">学习态度</td><td colspan="4">出勤</td><td></td><td></td><td></td><td></td><td></td></tr>
<tr><td colspan="4">纪律</td><td></td><td></td><td></td><td></td><td></td></tr>
<tr><td colspan="4">团队协作精神</td><td></td><td></td><td></td><td></td><td></td></tr>
<tr><td colspan="4">爱护实训设施</td><td></td><td></td><td></td><td></td><td></td></tr>
<tr><td>实训评估记录</td><td colspan="9">教师________ 日期________</td></tr>
</table>

项目七　装配精度测量

【项目导入】

机械装配是机械制造过程中最后的工艺过程，也是最重要的工艺环节之一。装配的精度直接影响机械产品的质量。换句话说，即便所有的机械零部件都符合质量要求，但如果装配的精度（质量）不合格，依然不能得到合格的机械产品。因此，装配精度的测量检验是机械制造过程中不可缺少的重要环节。

本项目主要介绍机械零件装配的基础知识；机械装配常规检测项目及检测方法和步骤。

【项目基础——装配基础知识】

一、装配概念

1. 装配的概念

机械产品通常由若干零件和部件组成。按一定的精度标准和技术要求，将若干零件连接或固定成部件或若干零件和部件连接或固定起来，使之成为合格产品的过程称为装配。

零件是组成机器不可再分的基本单元，机器零件一般包括基本零件、通用零件或部件、标准零件和外购件等。

将零件、合件装配成组件称为组装；将零件、合件、组件装配成部件称为部装；将零件、合件、组件、部件最后装配成产品的称为总装。

2. 装配精度测量的重要性

装配是保证成品质量的重要环节。装配精度的高低对产品质量起着决定性作用。而装配精度是否符合规定要求必须通过测量来判定。此外，理想的装配精度通常不可能一蹴而就，往往需要不断地测量、调整才能最终达到。因此，装配精度的测量对于机械装配乃至产品都是十分重要的。

二、装配精度

装配精度通常指装配后产品的质量指标与设计要求的符合程度。它是装配工作的灵魂。通常包括零件的配合精度、距离精度、位置精度、相对运动精度和接触精度。

影响装配精度的因素很多，其主要影响因素有：

（1）零件本身加工质量；

（2）装配方法；

（3）装配后的测量调整。

一般来说，零件的精度与装配精度应该是相匹配的。最终的装配精度合格与否是由测量检验来判定的。

三、装配常规的测量检验项目

1．传动轴回转精度测量

（1）径向跳动；

（2）轴向窜动（轴承间隙）；

（3）端面跳动。

2．齿轮副装配精度

（1）齿侧间隙；

（2）齿面接触斑点；

（3）径向跳动；

（4）端面跳动。

3．产品相关尺寸

（1）外形尺寸；

（2）安装尺寸

（3）连接尺寸。

任务一 传动轴回转精度测量

【知识目标】

1．熟悉传动轴回转精度测量的内容及意义；

2．熟悉传动轴回转精度概念及主要参数指标。

【技能目标】

1．学会正确使用百分表进行传动轴的径向跳动测量、轴向窜动、端面跳动的测量；

2．学会正确地对其测量结果进行合格性判断。

【测量基础】

为了确保机器在工作时运转平稳，尽管定位方式有不同，但设计时，要求其定位轴颈的表面与轴的回转中心同轴（在实际生产中对其的检验方法就是测量其定位轴颈的表面的径向跳动的量值）；此外轴的支撑端面跳动、轴向窜动同样会影响到传动精度、机器的振动；直接影响轴承的受力乃至使用寿命。

因此，传动轴的回转精度的检测主要内容有：传动轴径向跳动；传动轴支撑端面跳动；传动轴轴向窜动。

一、径向跳动

传动轴径向跳动通常指转动轴在回转时，其外圆相对轴中心线的径向变动量；它直接影响机器的工作精度、工作平稳性及轴承的使用寿命。

二、端面跳动

传动轴支撑端面跳动通常指工作时，传动轴旋转一周其端面的最大轴向位移量。它直接影响机器的工作精度、工件的定位精度乃至加工精度。

三、轴向窜动

轴向窜动主要是由于传动轴在轴向客观存在的间隙引起的。它直接影响机器的工作精度、工作平稳性及轴承的使用寿命等。

【测量内容】

测量内容一　传动轴的径向跳动测量

一、测量器具的选择

（1）百分表头如图 7-1 所示。

（2）磁性表架如图 7-2 所示。

图 7-1 百分表头

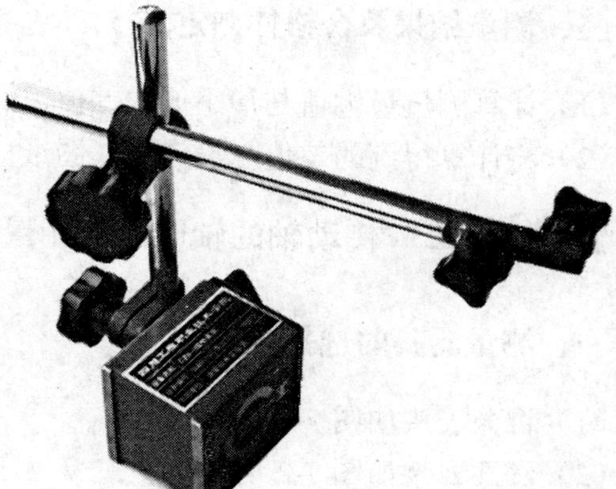

图 7-2 磁性表架

二、测量

（1）将测量部位（定位外圆）擦拭干净。

（2）将百分表头夹紧在表架上。

（3）将表座固定（吸牢）在机身上，使表杆通过所测轴的中心线，并与其大致垂直。百分表测头与测量表面垂直接触（图 7-3），确保有一定的（1～2 圈）压缩量，并校零。

（4）转动被测轴一周，记录下读数的最大值和最小值。

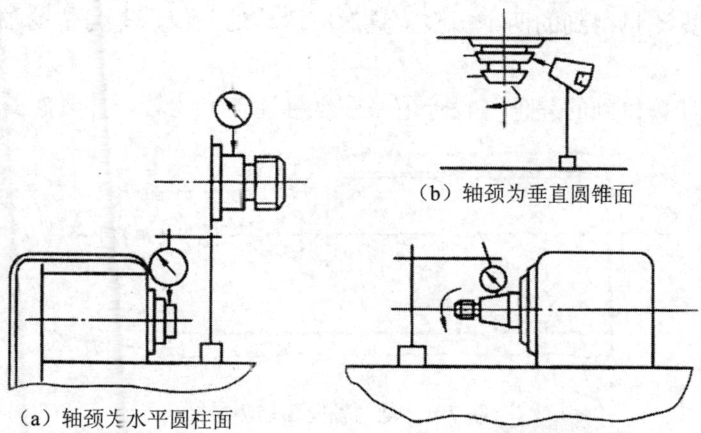

（a）轴颈为水平圆柱面

（b）轴颈为垂直圆锥面

（c）轴颈为水平圆锥面

图 7-3 轴径向跳动测量

三、测量结果及合格性判定

（1）计算测量最大值与最小值的差值，即为传动轴的最大径向跳动量；

（2）将计算得到的差值与设计值（图纸标注值）比较，并判断其合格与否。

测量内容二　传动轴的轴向窜动测量

一、测量器具的选择

（1）百分表头如图 7-1 所示。

（2）磁性表架如图 7-2 所示。

二、测量

（1）将测量部位（轴的端面）擦拭干净。

（2）将百分表头夹紧在表架上。

（3）将表座固定（吸牢）在机身上，使表杆与所测轴的中心线大致平行。百分表测头与测量表面垂直接触（图 7-4），确保有一定的（1～2 圈）压缩量；校零位。

（4）用撬杠轻轻扳动适当位置（或以其他恰当方式），使轴移动，记录轴两个方向上移动的极限位置对应的表头读数。

三、测量结果及合格性判定

（1）计算测量得到的两个极限位置对应读数的差值，即为传动轴的最大轴向窜动量；

（2）将计算得到的差值与设计值（图纸标注值）比较，并判断其合格与否。

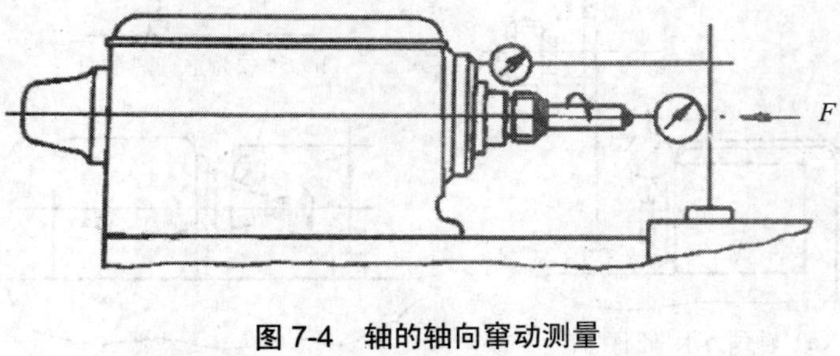

图 7-4　轴的轴向窜动测量

测量内容三　传动轴的端面跳动测量

一、测量器具的选择

（1）百分表头如图 7-1 所示。

（2）磁性表架如图 7-2 所示。

二、测量

（1）将测量部位（轴肩支撑面或端面）擦拭干净。

（2）将百分表头夹紧在表架上。

（3）将表座固定（吸牢）在机身上，使表头测量杆与所测轴的中心线大致平行，百分表测头与测量表面垂直接触并尽可能靠近支撑面外边缘（如图 7-5 所示），确保有一定的（1～2 圈）压缩量，校零。

（4）转动被测轴一周，记录下读数的最大值和最小值。

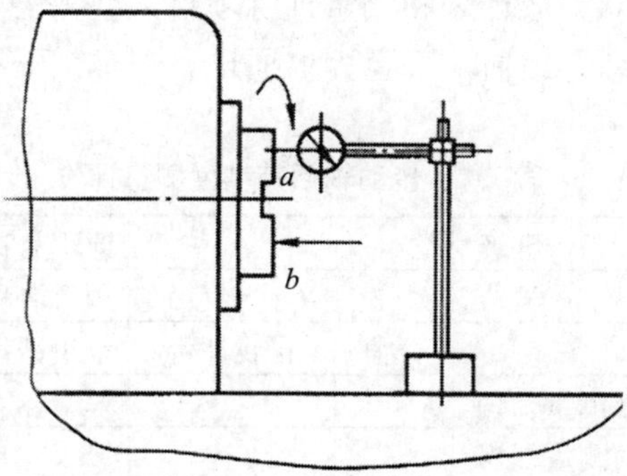

图 7-5　轴的端面跳动测量

三、测量结果及合格性判定

（1）计算测量最大值与最小值的差值，即为传动轴支撑面最大端面跳动量；

（2）将计算得到的差值与设计值（图纸标注值）比较，并判断其合格与否。

【测量训练】

一、测量训练内容

（1）电机轴径向跳动测量；
（2）电机轴轴向窜动测量；
（3）电机轴端面动测量。

二、测量训练要求

（1）自主选择及使用测量器具；
（2）合理设计测量步骤；
（3）正确填写测量报告。

三、测量训练评价

学生应按要求独立完成计划和测量训练项目，并按表 7-1 评估打分。评估不合格者应重新申请训练、评估，直至评估通过。

表 7-1　传动轴回转精度测量评价

<table>
<tr><td>学生姓名</td><td></td><td>班级</td><td colspan="2"></td><td>课程名称</td><td colspan="2">机械测量技术</td></tr>
<tr><td>专业</td><td></td><td>学号</td><td colspan="2"></td><td>项目名称</td><td colspan="2">传动轴回转精度测量</td></tr>
<tr><td>评价方面</td><td colspan="2"></td><td>分值</td><td>自我评价</td><td>小组评价</td><td>教师评价</td><td>得分</td></tr>
<tr><td rowspan="3">基础知识</td><td colspan="2">轴的径向跳动测量知识</td><td></td><td></td><td></td><td></td><td></td></tr>
<tr><td colspan="2">轴的轴向窜动测量知识</td><td></td><td></td><td></td><td></td><td></td></tr>
<tr><td colspan="2">轴的端面跳动测量知识</td><td></td><td></td><td></td><td></td><td></td></tr>
<tr><td rowspan="4">实训技能</td><td colspan="2">测量器具使用方法</td><td></td><td></td><td></td><td></td><td></td></tr>
<tr><td colspan="2">测量步骤设计</td><td></td><td></td><td></td><td></td><td></td></tr>
<tr><td colspan="2">测量数据及处理</td><td></td><td></td><td></td><td></td><td></td></tr>
<tr><td colspan="2">合格性判断及报告填写</td><td></td><td></td><td></td><td></td><td></td></tr>
<tr><td rowspan="3">学习态度及遵章守纪</td><td colspan="2">考勤情况</td><td></td><td></td><td></td><td></td><td></td></tr>
<tr><td colspan="2">遵章守纪情况</td><td></td><td></td><td></td><td></td><td></td></tr>
<tr><td colspan="2">团队精神</td><td></td><td></td><td></td><td></td><td></td></tr>
<tr><td>实训评估记录</td><td colspan="7">教师＿＿＿＿＿＿　日期＿＿＿＿＿＿</td></tr>
</table>

任务二 齿轮装配接触精度测量

【知识目标】

1．熟悉齿轮精装配度接触精度测量的主要项目；
2．熟悉齿轮装配精度测量方法及仪器。

【技能目标】

1．学会齿轮副齿侧啮合间隙的测量方法；
2．学会齿轮副接触斑点的检测方法；
3．学会正确地对其测量结果进行合格性判断。

【项目基础】

齿轮传动是机械传动中应用最为广泛的一种，它可以用来传递运动和扭矩；改变转速的大小及方向；齿轮与齿条配合还可将转动变为直线运动。

为了确保齿轮机构运动传递准确、转动平稳均匀，冲击振动和噪声小，以及承载能力强和适用寿命长，对齿轮装配有着严格的技术要求，而其中齿轮副的齿侧间隙以及接触精度是保证其装配精度的前提。

齿轮装配精度的主要测量的内容如下所述。

1．齿轮副的齿侧啮合间隙检查

齿侧副的齿侧啮合间隙通常指固定其中一齿轮，另一齿轮所能转过的圆弧长的最大值。这个侧隙用于储存润滑油、补偿齿轮的制造误差、安装误差和热变形。因此齿侧间隙过小，则会导致齿轮传动发生卡死或齿面烧伤。过大的侧隙也会引起反转时的冲击及回程误差。

2．接触斑点

齿轮副接触斑点通常反映了齿轮副啮合时，工作齿面间接触状况。接触斑点的位置和接触斑点面积的大小为主要衡量指标。

【测量内容】

测量内容一 齿轮副的齿侧间啮合隙测量

齿侧间隙是指齿轮传动的非工作齿面之间应留有一定的间隙。这个侧隙用于储存润滑油、补偿齿轮的制造误差、安装误差和热变形。因此齿侧间隙过小，则会导致齿轮传动发生卡死或齿面烧伤。过大的侧隙也会引起反转时的冲击及回程误差。

测量方法一　用百分表测量齿轮副啮合间隙

用百分表测量齿轮啮合间隙的原理如图 7-6 所示。

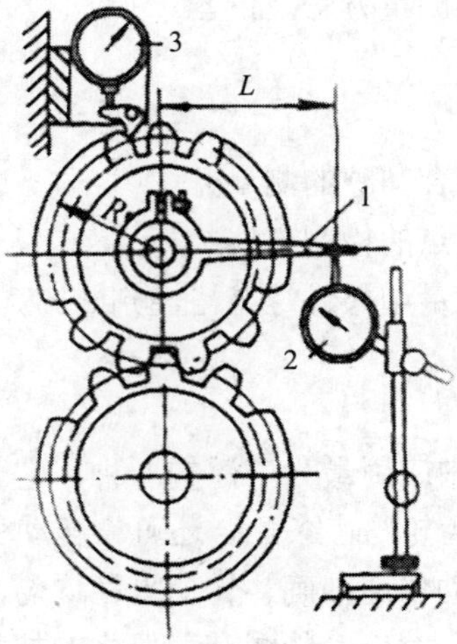

1. 测量臂；2、3. 百分表

图 7-6　百分表测量齿轮副侧隙

一、测量器具的选择

（1）百分表头如图 7-1 所示。

（2）磁性表架如图 7-2 所示。

二、测量

（1）将测量齿轮副清洗干净；

（2）将百分表头夹紧在表架上；

（3）将表座固定（吸牢）在机身上，百分表测头置于一齿轮的分度圆附近，并确保有一定的（1～2 圈）压缩量；表杆的移动方向尽可能地与接触处的齿面垂直；

（4）固定另一配对齿轮，确保其不能有任何微小转动；

（5）正、反转动与测头接触的齿轮，即可得到表头指针摆动的量，即此齿轮副的法向齿侧间隙。

三、测量结果及合格性判定

将测量得到的齿侧间隙值与设计值（图纸标注值）比较，并判断其合格与否。

注意：（1）此测量方法主要用于小模数齿轮副齿测间隙的测量；

（2）如需得到更精确的测量结果，其齿侧间隙可由以下公式计算

$$J_n=C（R/L） \tag{7-1}$$

式中，J_n ——齿测间隙；

C ——表头指针摆动量；

L ——测头接触点据轴线的距离；

R ——齿轮分度圆半径。

测量方法二 压熔断丝（或铅铝合金丝）法

一、测量器具、材料

（1）游标卡尺分度值 0.02 mm，规格 0～150 mm（图 7-7）。

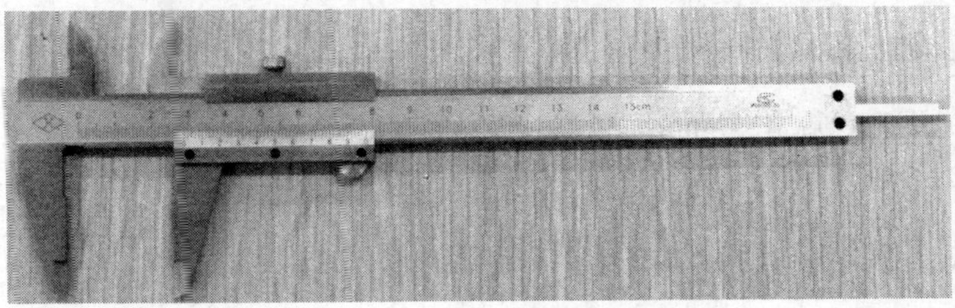

图 7-7 游标卡尺

（2）直径为齿侧间隙 1.5～2.0 倍的熔断丝或铅铝合金丝。

二、测量

（1）选直径为齿侧间隙 1.5～2.0 倍（一般不大于 4 倍）的熔断丝两段。如图 7-8 所示，沿齿高方向分别置于其中一齿轮的齿长方向的两端（如齿宽较大放 3～4 段）；

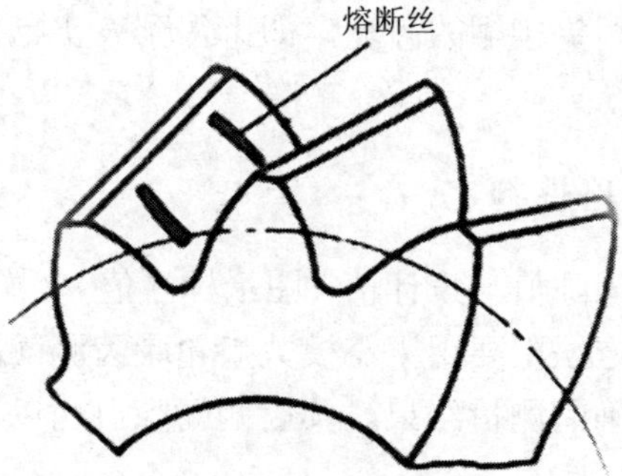

图 7-8 压熔断丝法测量齿轮副侧隙

（2）滚动啮合后，取出挤压变形的熔断丝；

（3）用游标卡测量熔断丝被挤压最薄处的厚度，即为测得的齿轮副的齿侧间隙。

三、测量结果及合格性判定

将测得的齿轮副的齿侧间隙与设计值（图纸标注值）比较，并判断其合格与否。

测量内容二　齿轮副接触斑点检测

一、测量器具、材料

（1）钢直尺规格 20 mm。

（2）红丹薄膜涂料。

二、检测

（1）将装配好的齿轮副齿面擦拭干净。

（2）在小齿轮 1/3 的轮齿（最少不少于 5 个齿）的齿面上，均匀地涂以适当的红丹薄膜涂料。

（3）扳动输入轴，使齿轮副涂红丹涂料处啮合，直至齿面上着色痕迹充分地呈现出来，但小齿轮转动不得超过一圈。

（4）检测接触斑点。

①以小齿轮齿面被粘去的痕迹或大齿轮齿面上接触着色的痕迹为准测量印痕；

②接触斑点的分布位置：应趋于齿面的中部，齿顶及两端部棱边处不允许接触；

③接触斑点百分比计算：如图 7-9 所示。

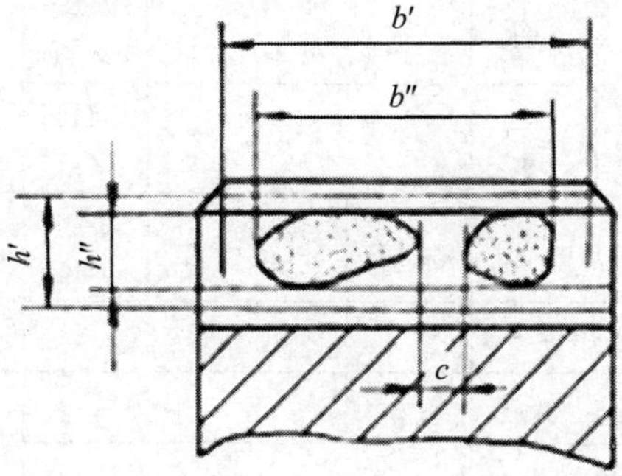

图 7-9 齿轮接触斑点

沿齿宽方向：（$b''-c$）$/b'\times100\%$；

沿齿高方向：（h''/h'）$\times100\%$；

三、测定结果与设计要求比较并判断检测结果

（1）接触斑点的分布位置与设计要求比较，并判断合格与否；

（2）测得的接触斑点两个方向上的百分比与设计要求比较，并判断合格与否。

【测量训练】

一、测量训练内容

（1）齿轮副的齿侧间隙测量；

（2）齿轮副接触精度检测。

二、测量训练要求

（1）自主选择及使用测量器具；

（2）合理设计测量步骤；

（3）正确填写测量报告。

三、测量训练评价

学生应按要求独立完成计划和测量训练项目，并按表 7-2 评估打分。评估不合格者应重新申请训练、评估，直至评估通过。

表 7-2 齿轮装配精度测量评价

<table>
<tr><td>学生姓名</td><td></td><td>班级</td><td colspan="2"></td><td>课程名称</td><td colspan="2">机械测量技术</td></tr>
<tr><td>专业</td><td></td><td>学号</td><td colspan="2"></td><td>项目名称</td><td colspan="2">齿轮装配精度测量</td></tr>
<tr><td>评价方面</td><td colspan="2"></td><td>分值</td><td>自我评价</td><td>小组评价</td><td>教师评价</td><td>得分</td></tr>
<tr><td rowspan="3">基础知识</td><td colspan="2">齿轮副装配精度知识</td><td></td><td></td><td></td><td></td><td></td></tr>
<tr><td colspan="2">齿轮副齿侧间隙测量知识</td><td></td><td></td><td></td><td></td><td></td></tr>
<tr><td colspan="2">齿轮接触精度测量知识</td><td></td><td></td><td></td><td></td><td></td></tr>
<tr><td rowspan="4">实训技能</td><td colspan="2">测量器具使用方法</td><td></td><td></td><td></td><td></td><td></td></tr>
<tr><td colspan="2">测量步骤设计</td><td></td><td></td><td></td><td></td><td></td></tr>
<tr><td colspan="2">测量数据及处理</td><td></td><td></td><td></td><td></td><td></td></tr>
<tr><td colspan="2">合格性判断及报告填写</td><td></td><td></td><td></td><td></td><td></td></tr>
<tr><td rowspan="3">学习态度及遵章守纪</td><td colspan="2">考勤情况</td><td></td><td></td><td></td><td></td><td></td></tr>
<tr><td colspan="2">遵章守纪情况</td><td></td><td></td><td></td><td></td><td></td></tr>
<tr><td colspan="2">团队精神</td><td></td><td></td><td></td><td></td><td></td></tr>
<tr><td>实训评估记录</td><td colspan="7">教师__________ 日期__________</td></tr>
</table>

任务三　产品相关尺寸的测量

【知识目标】

1．熟悉一般产品装配尺寸的种类；
2．熟悉一般产品装配尺寸的测量器具及检测方法。

【技能目标】

1．学会一般产品装配尺寸的测量操作方法；
2．学会正确地对其测量结果进行合格性判断。

【项目基础】

产品装配后需检测的相关尺寸如图 7-10 所示可分为以下三类。

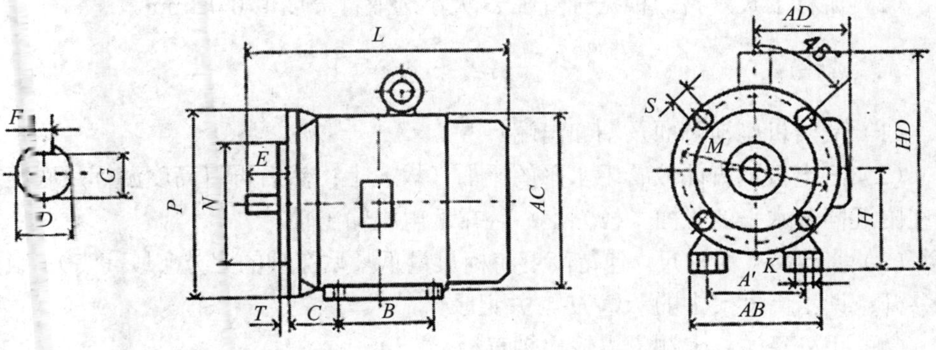

图 7-10　电机外形

一、产品的外形尺寸

产品的外形尺寸也称为总体尺寸，即产品的总高 *H*、总长 *L* 及总宽 *P*；这类尺寸通常精度要求不是很高，测量相对较为方便。

二、连接尺寸

这类尺寸通常是按与该产品配套机械连接的要求设计的。一般在相关零部件加工时就已经保证且检测合格，如止口凸台外径 *N*、高度 *T*；输出轴直径 *D*、键

槽宽 F 装配后一般不会出现问题。

三、安装尺寸

这类尺寸的精度通常直接影响产品的安装乃至安装后的机器的工作性能。如中心高 H、轴伸长度 E 等。因此这类尺寸应是测量的重点。

【测量内容】

测量内容一　中心高的测量

对于电机、减速器等基础件，中心高是装配后整机检查的主要尺寸之一。也是产品的主要安装尺寸之一。

一、测量器具的选择

（1）高度游标卡尺规格：根据中心高 H 大小选取；分度值 0.02 mm。

（2）游标卡尺规格：根据轴直径 D 大小选取；分度值 0.02 mm。

二、测量

（1）清洁机座地脚面及轴伸出端。

（2）将电机地脚面放置于水平的平面（板）上；然后再将高度游标尺底座放置在附近同一水平的平面（板）上；且靠近电机输出轴。

（3）移动高度游标尺，使得高度游标尺量爪紧贴在轴的上方（最高点）；锁紧并移开；读出高度尺上的示值 H_1，并记录。

（4）用外径游标卡测量出输出轴直径 D，并记录。

（5）计算电机中心高：

$$H = H_1 - D/2 \qquad \text{7-2)}$$

三、测量结果及合格性判定

将测量并计算得到的中心高值与设计值（图纸）比较，并判断其合格性。

测量内容二　输出轴轴伸长度测量

电机轴伸的长度大小会直接影响与其他机械装置的装配，也是出产必须检测的尺寸之一。

一、测量器具的选择

深度游标卡尺规格：根据轴伸 E 大小选取；分度值 0.02 mm。

二、测量

（1）测量前，轴（伸出部分外圆及端面）、止口凸台端面擦拭干净；

（2）卡尺的测量基座和尺身端面应垂直于被测表面并贴合紧密，不得歪斜，否则会造成测量结果不准，如图 7-11 所示，测量好锁紧；

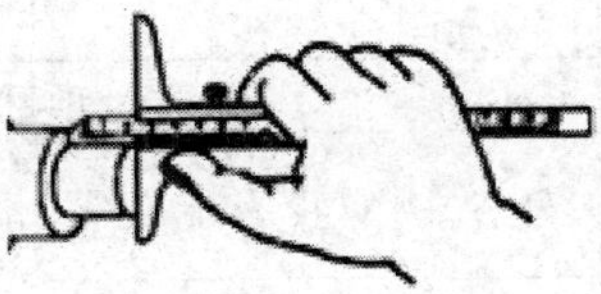

图 7-11 测量位置

（3）移开读数 E_1。

三、计算轴伸长度

$$E = E_1 + T$$

式中 E_1 ——测量得到轴端到止口端面的距离；

T ——止口凸台高度。

四、测量结果及合格性判定

将测量并计算得到的轴伸长度 E 值与设计值（图纸）比较，并判断其合格性。

【测量训练】

一、测量训练内容

（1）电机中心高测量；

（2）电机轴伸测量。

二、测量训练要求

（1）自主选择及使用测量器具；

（2）合理设计测量步骤；

（3）正确填写测量报告。

三、测量训练评价

学生应按要求独立完成计划和测量训练项目，并按表 7-3 评估打分，评估不合格者应重新申请训练、评估，直至评估通过。

表 7-3　电机中心高等测量评价

学生姓名		班级		课程名称	机械测量技术	
专业		学号		项目名称	电机中心高等测量	
评价方面		分值	自我评价	小组评价	教师评价	得分
基础知识	电机产品整体尺寸知识					
	电机中心高测量知识					
	电机轴伸测量知识					
实训技能	测量器具使用方法					
	测量步骤设计					
	测量数据及处理					
	合格性判断及报告填写					
学习态度及遵章守纪	考勤情况					
	遵章守纪情况					
	团队精神					
实训评估记录	教师＿＿＿＿＿　日期＿＿＿＿＿					

附录一　练习与测评

项目一　机械测量技术入门

一、填空

1. 所谓测量就是把被测量与________________________进行比较，从而确定被测量的____________________的过程。

2. 一个完整的测量过程应包括________________、________________、________________、________________。

3. 测量器具的分度值是指__________________________；百分表的分度值是__________、千分表的分度值是______________。

4. 测量误差按其特性可分为______________、____________和____________三种。

5. 根据不同的测量目的，其测量方法也不同。按是否直接测出被测量值分为直接测量和________________；按示值是否代表被测量值的绝对数字分为绝对测量和____________。

6. 判断产品是否满足设计的几何精度要求，通常有以下四种判断方式________、________、____________、__________。

7. 测量器具按结构、原理、特点及用途的不同一般分为_________、_____、_________、________。

8. 20（cm）=_____（mm）=_______（μm）；

   1.5（in）=_____（mm）；

   150°=_______（rad）；

9. 游标尺按其分度值不同通常有：_______、______、______三种，其中机械加工中一般采用的是精度为________的游标卡尺。

二、判断题

1．量规只能用来判断零件是否合格，不能得出具体尺寸。（　　）
2．计量器具的示值范围即测量范围。（　　）
3．间接测量就是相对测量，直接测量为绝对测量。（　　）
4．使用的量块越多，组合的尺寸越精确。（　　）
5．测量得到的值即为零件的真值。（　　）
6．0～25 mm 千分尺的示值范围和测量范围是一样的。（　　）
7．加工误差只有通过测量才能得到，所以加工误差就是测量误差。（
8．内径百分表测量内孔直径是间接测量。（　　）
9．由于量具零位不准而导致的测量误差为随机误差。（　　）

三、思考练习题

1．什么叫测量？其中包含哪些要素？
2．什么叫检验？测量和检验有何区别？
3．简述机械测量的一般步骤。
4．什么叫长度单位和长度基准？长度单位有哪些？其换算关系如何？
5．什么叫绝对测量和相对测量？举例说明。
6．根据出现的规律，测量误差分哪几类？造成误差的原因有哪些？
7．测量器具选择的一般原则是什么？
8．测量器具按原理、结构特点及用途不同分几类？试举例说明。
9．什么是分度值、刻度间距、灵敏度？

项目二　轴类零件的测量

一、填空

1．轴类零件测量使用的通用的量具有__________、______________、__________、______________。
2．轴类零件的主要测量项目通常有________、____________、__________、__________、____________、_________。
3．轴类零件的形位公差的主要测量项目有________、________、_____。
4．键槽对称度测量时使用的测量器具有：____________、______________、

__________、__________。

5．圆度的公差带是________；圆柱度的公差带是_________。

6．图纸上标注的键槽对轴中心线的对称度公差为 0.05 mm，则该键槽中心偏离轴的轴线距离不得大于_______ mm。

二、判断题

1．轴类零件粗加工时，通常选用游标卡尺测量其长度、外径等。（ ）

2．万能角度尺使用时可有不同的组合，其中仅装上直尺时可测量的角度范围为 50°～140°。（ ）

3．正弦规主要用于准确检验零件及量规角度和锥度的量具，属于直接测量。（ ）

4．偏摆检查仪是用于前插偏心距的。（ ）

5．百分表的读数精度为 0.01 mm；千分表的读数精度为 0.001 mm。（ ）

6．对于偏心距的测量，其偏心距较小的可在两顶尖间测量；偏心距较大时，则只能用间接测量。（ ）

三、思考练习题

1．说明游标卡尺的刻度原理、读数方法及注意事项。

2．说明千分尺的读数原理、读数方法及注意事项。

3．简述偏摆的用途及使用方法。

4．径向跳动测量的测量器具及测量步骤是什么？

5．万能角度尺有几种使用组合？其相应的测量范围是多少？

6．简述游标卡尺、千分尺的维护保养的注意事项。

项目三 套类零件的测量

一、填空

1．套类零件的主要测量项目有____________；____________；__________；_______________。

2．孔径的测量方法主要有_____________；_______________；____________。

3．国家标准规定表面粗糙度的评定参数主要由________和________所组成。表面粗糙度比较样块通常按__________分类；使用表面粗糙度比较样块检测表面粗糙度有________、________两种方法。

4．套类零件最常见形位公差：__________；__________。

5. 用深度游标尺测量深度时，深度尺的______应轻轻压在工件的基准面上当基准面是曲线时，则必须压在曲线的________。

6．大批量正常中，常用________检验孔径；其中按孔径下极限尺寸制作的一端称为________；按孔径上极限尺寸制作的一端称为________。

二、判断题

1．使用内径百分表测量孔径属于绝对测量法。（ ）
2．测量时，内径百分表在孔内摆动，其指针折返点是最大值。（ ）
3．深度游标尺主要用于测量深度，同时也可以用来测量形位公差。（ ）
4．圆度检查既可以测量圆度误差，又可以测量圆柱度误差。（ ）
5．极限量规只能判断其测量对象是否合格，不能得到具体的测量数值。（ ）
6．使用内径百分表测量孔径时，其测量前都必须对零位。（ ）

三、思考练习题

1．孔径的测量有哪些基本方法和量具？
2．简述使用内径百分表测量孔径的操作步骤。
3．使用内径百分表测量孔径时为何要对零位？其读数的含义是什么？
4．用圆度检查仪测量圆度误差时应注意哪些问题？影响测量精度的主要因素有哪些？
5．表面粗糙度的含义是什么？对零件的使用性能有哪些影响？
6．简述使用塞规检查、判断孔合格与否的操作步骤。

项目四　螺纹及蜗杆零件的测量

一、填空

1．螺纹按用途分为三类：________；________；________。

2．螺纹的几何参素主要有________；________；________；________；________；________。

3．实际生产中，测量的蜗杆齿厚通常为________；所用量具为________________。

4. 对于螺纹塞规，牙型不完整的一端为___________；对于螺纹环规，牙型被截短的，且旋合长度相对较短的为____________。

5. 螺纹中径 d_2 通常指母线通过牙型上_____与______宽度相等的地方；并且以螺纹轴线为______的假想圆柱面的______。对于单头螺纹，其中径也等于轴截面内，沿着与轴线__________方向测得的两个相对牙型 ______________距离。

6. 在实际生产中蜗杆轴向齿厚直接测量相当困难，因此一般将轴向齿厚换算成__________；并通过用_________测量_________来间接判断轴向齿厚是否合格。

二、判断题

1. 螺纹中径处的牙宽与牙槽宽相等。(　　)
2. 合格的螺纹不应完全通过螺纹环规的止端。(　　)
3. 螺纹塞规的止端工作塞规主要用于检验螺纹中径一个参数。(　　)
4. 用大型工具显微镜测量螺纹中径时，其立柱通常都要顺螺旋线倾斜一个螺旋角 Ψ。(　　)
5. 蜗杆的齿厚是重要参数之一，实际生产中测量的通常是轴向齿厚。(　　)
6. 蜗杆轴向齿距误差一般可在万能工具显微镜用测量螺距的方法进行测量。(　　)

三、思考练习题

1. 简述螺纹测量的项目及相应的测量器具。
2. 用三针法测量螺纹中径时，有哪些误差？
3. 大型工具显微镜的主要应用有哪些？
4. 三针法测量中径时，为什么要合理地选择量针直径？应该怎么选择？
5. 在工具显微镜测量螺纹时，如何消除螺纹安装误差对测量结果的影响？
6. 实际生产中，主要测量的蜗杆参数有哪些？常用的测量器具有哪些？对应于哪些项目的测量？

项目五　圆柱齿轮的测量

一、填空

1. 现代工业中的各种机器和仪器对齿轮传动提出了多方面的要求，通常有：

________；________；________；________。

2．用齿厚游标卡尺测量齿轮齿厚时，首先把垂直刻度尺的游标调整到________；以紧固螺钉固定，然后将________两测量量爪卡在________上，并使定位高度尺与齿顶相切，再调整水平游标尺，使两测量量爪与齿廓正确接触后进行读数。

3．GB/T 10095.1—2008 中规定；圆柱齿轮的精度分为________等级；其中________精度最高；________精度最低。

4．齿轮公法线长度是指在基圆柱切平面上跨________；在接触到一个齿的________和另一个齿的________的两个平行平面之间测得的距离。

5．齿轮径向跳动仪通常有________测量头，一般根据被测量齿轮的________，选择________的球形测量头。

6．齿侧间隙是指齿轮传动的________之间应留有一定的间隙。齿侧间隙过小会导致齿轮传动发生________及________；齿侧间隙过大会引起反转时的________及________误差。

二、判断题

1．齿轮传动主要用来传递动力和运动。（　　）

2．用齿厚游标尺测量齿厚时，应每隔 120°测量一个齿的齿厚。（　　）

3．测量齿厚时以齿顶圆为基准，齿顶圆的直径偏差和径向跳动会影响测量结果。（　　）

4．公法线长度变动量通常指公法线最大值 W_{max} 与公法线最小值 W_{min} 之差。（　　）

5．齿轮径向跳动检查仪用于测量径向跳动时，只能检测 6 级或 6 级以下精度有中心孔的带轴内外啮合圆柱齿轮等。（　　）

6．齿厚减薄会使公法线长度变短，所以公法线长度偏差可以用来间接评介齿侧间隙。（　　）

三、思考练习题

1．齿轮的精度有几大类？精度等级有几种？

2．测量齿厚偏差的目的是什么？用什么测量器具？

3．测量齿圈跳动时，为什么要根据齿轮模数的不同选择不同直径球形测头？

4．试简述齿轮公法线长度测量的步骤。

5．试简述齿轮齿圈跳动的测量的步骤。

6．试简述齿轮齿厚偏差的测量的步骤。

项目六　箱体零件的测量

一、填空

1．箱体零件的主要测量项目有：________；________；________；________；________。

2．同轴度用于控制 ________与________的重合程度。同轴度公差是________相对________的允许变动量。其公差带为________。

3．平面度误差测量的常用方法有：________；________；________；________；________；________；实际生产中最常用的是________。

4．根据基准要素与被测要素的不同，平行度公差分为：________；________ ________；________四种类型。

5．垂直度公差通常指 ________，对于 ________相垂直的理想方向之间，所允许的 ________。其公差带为________。

6．用打表法测量平面度误差时，首先将被测工件支撑在________，并以________作为测量基准面。

二、判断题

1．在测量孔与孔的垂直度误差时，其百分表的测量点应在模拟芯轴的两端处。(　　)

2．用打表法测量平面度误差时，百分表第一次读数应该调零。(　　)

3．在测量垂直度误差时，通常可用宽座直角尺作为基准的测量器具。(　　)

4．面对面的平行度可以用水平仪进行测量。(　　)

5．在同轴度测量时，通常用芯轴模拟孔的轴线，其中较长的芯轴模拟被测孔，而较短的用于模拟基准孔。(　　)

6．对于箱体上孔的同轴度测量，其实际误差值需经计算才能得到，故属于间接测量。(　　)

三、思考练习题

1．箱体零件的技术要求主要有哪些？

2．简述用打表法测量平面度误差时，用对角线法测量评定平面度误差步骤。

3．直角尺测量垂直度误差时测量误差的主要因素影响是什么？怎么减小其影响。

4．简述箱体上孔与孔同轴度合格性检测、判断步骤。

5．简述箱体上孔与孔垂直度检测步骤。

6．简述箱体上孔与孔平行度测量步骤。

项目七　装配精度测量

一、填空

1. 将 ＿＿＿＿＿＿、＿＿＿＿＿＿＿＿装配成组件称为＿＿＿＿＿＿；将零件、合件、组件装配成部件称为＿＿＿＿＿ ；将零件、合件、组件、部件最后装配成＿＿＿＿的称为＿＿＿＿＿。

2．传动轴的回转精度的检测主要内容有：＿＿＿＿＿＿＿＿；＿＿＿＿＿＿＿＿＿；＿＿＿＿＿＿＿＿＿＿＿＿＿＿。

3．传动轴端面跳动测量通常使用的测量器具有＿＿＿＿＿＿＿、＿＿＿＿＿＿＿。

4．齿轮装配精度的主要测量的内容＿＿＿＿＿＿＿＿＿＿、＿＿＿＿＿＿＿＿＿。

5．接触斑点检查的主要内容有＿＿＿＿＿＿＿和 ＿＿＿＿＿＿＿＿两个指标。

6．产品装配后需检测的相关尺寸通常可分为＿＿＿＿＿＿＿＿、＿＿＿＿＿＿＿＿、＿＿＿＿＿＿＿三类。

二、判断题

1．理想的装配精度往往需要不断地测量、调整才能最终达到。（　　）

2．轴的支撑端面跳动、轴向窜动会影响传动精度、机器的振动。（　　）

3. 传动轴端面跳动测量时，百分表测头与测量表面垂直接触并尽可能靠近支撑面外边缘。（　）

4．6 级精度的齿轮副对接触斑点的（在齿高及齿长方向上）接触率要求要高于 7 级精度的齿轮副。（　　）

5．齿轮副的齿侧间隙过大会引起反转时的冲击及回程误差，因此，越小越好。（　　）

6．电机中心高可以用直接测量法测量。（　　）

三、思考练习题

1. 什么是装配精度？装配精度的主要影响因素有哪些？

2. 简述传动轴轴向窜动测量的方法和步骤。

3. 什么是齿轮副的齿侧间隙？对齿轮传动有何影响？

4. 齿轮副的齿侧间隙的测量方法有几种？试简述大模数齿轮齿轮副的齿侧间隙的测量方法和步骤。

5. 简述齿轮接触精度的概念和检验方法。

6. 简述电机中心高的检验方法和步骤。

附录二　实验实训设备配置建议

按每学期两个班，每班 40 名学生配置主要的量具、量仪如下所述。

序号	量具（仪）名称	数量	序号	量具（仪）名称	数量
1	外径千分尺	25	20	塞尺	4
2	内径千分尺	25	21	钢皮尺	10
3	深度千分尺	25	22	半径规	5
4	游标卡尺	25	23	立式光学计	1
5	深度游标卡尺	25	24	万能工具显微镜	1
6	万能角度尺	25	25	万能卧式测长仪	1
7	百分表	10	26	测量平板	大 2；小 1
8	千分表	4	27	齿厚游标卡尺	10
9	螺纹千分尺	10	28	平面度检查仪	1
10	圆度仪	1	29	齿轮跳动检查仪	1
11	正弦规	4	30	螺纹规	环、塞规各 4
12	万能表架	10	31	数显式量仪、量表	若干
13	磁力表架	10	32	偏摆仪	
14	三针	8	33	齿轮齿距检查仪	1
15	量块	4	34	齿轮基节检查仪	1
16	角度量块	1	35	框式水平仪	1
17	V 形块	8	36	合像检查仪	2
18	方箱	1	37	表面粗糙度检查仪	1
19	平尺	4	38	表面粗糙度样块	4

附录三　实验实训测量零件配置建议

按每学期两个班，每班 40 名学生配置实验实习用测量零件如下所述。

序号	零件名称	数量	序号	零件名称	数量
1	电机轴（Y80）	10	9	齿轮	5
2	减速器输入轴	10	10	齿轮轴	5
3	减速器输出轴	10	11	电机外壳（有底座）	2～4
4	电机端盖	5	12	电机外壳（无底座）	2～4
5	减速器端盖（通）	5	13	齿轮减速器箱体（小）	2～4
6	减速器端盖（盲）	5	14	蜗杆减速器箱体（小）	2～4
7	各种螺纹（件）	若干	15	电机（有、无底座）	各 2～4
8	小型蜗杆	4	16	齿轮、蜗杆减速器	各 2～4

参考文献

[1] 邬建忠. 机械测量技术[M]. 北京：电子工业出版社，2013.

[2] 邹燕. 测量技术基本常识与技能训练[M]. 北京：高等教育出版社，2005.

[3] 葛金印. 测量技术基础与训练[M]. 北京：高等教育出版社，2007.

[4] 卢志珍. 机械测量技术[M]. 北京：机械工业出版社，2005.

[5] 马光全. 机电设备安装与维修[M]. 北京：北京大学出版社，2008.

[6] 叶克明. 齿轮手册[M]. 北京：机械工业出版社，1995.

[7] 张泰昌. 齿轮检测 500 问[M]. 北京：中国标准出版社，2007.

[8] 张泰昌. 几何量检测 100 问（下册）[M]. 北京：中国标准出版社，2006.

[9] 郭连湘，何频. 计量仪器与检测[M]. 北京：化学工业出版社，2006.